ホームレスが大富豪になるまで。

Homeless to Billionaire

YouTubeで人生大逆転！
どん底から這い上がるには

Transform your life with YouTube!
How to climb up from the bottom

ナム

KADOKAWA

はじめに

ホームレス・ユーチューバーの誕生

どうも、ナムです。

元ホームレスで、ユーチューバーとして活動している68歳のジジイです。

まずはこの本に興味を持ち、手に取っていただいて本当にありがとう。

俺のことを知ってくれているファンの方はさておき、知らないでこれを読んでくれている人なら、結構変わり者だね（笑）。

まずは、簡単な自己紹介から。

俺は若い頃にギャンブルで身を滅ぼし、日本各地を転々とした挙句、還暦を過ぎてホームレスになった。横浜の関内（かんない）に、ホームレスが暮らすことで有名な地下通路があるんだけど、俺はそこの住人だった。

ある日、頭のおかしい若者が訪れて、「ユーチューバーになりませんか？」と声をかけてきた。こいつは通称「ヒヤマさん」。この本でも登場するけど、YouTube の動画をつくる制作会社のディレクターだった。

還暦をとうに過ぎたホームレスでも、ユーチューバーくらいは知ってるよ。今や、ホームレスでも3人に1人はスマホを持っている時代だからね。俺はその辺の女子大生並みにスマホを2台持ちしてたから、当然、YouTube も毎日観てた。ただし電波は入らないから、観るときはいちいち Wi-Fi スポットまで移動しないといけないんだけどね。

だから、「ユーチューバーになりませんか？」って言われたときは、本当に耳を疑った。

ホームレスがユーチューバー？

そんなの、観たいと思う人がいるのかよ？

まあでも、ものは試し。やってみることにした。どうせ暇だし、このまま老いて地下通路で死ぬだけだから、ちょっと変わったことをしてみてもいいんじゃないかって気になってさ。

そうやってスタートしたYouTubeチャンネルが、『ホームレスが大富豪になるまで。』。

2022年5月のことだった。

登録者40万人、まさに大逆転劇だった

内容は、俺が暇つぶし程度に撮れるようなものばかり。

「ホームレスが5年ぶりの牛丼を食ってみた」

「段ボールハウスのルームツアー」

「ホームレスのナイトルーティーン」とかね。

制作会社の意向で、チャンネルを運営していくうえで発生した収益は、俺のお給料になった。とんでもなくありがたいことだけど、そう上手くはいかないやね。運よくお金が発生しても、お小遣い程度だろうと想像していた。ところが、投稿を始めてたった8カ月目、2022年の12月には、登録者数が40万人を突破。挙句の果てに、ユーチューバー界の神様とも言えるヒカキンさんとのコラボも達成してしまった。

参ったね。これには俺もヒヤマさんもびっくり。今も支えてくれている視聴者の皆さんには、感謝しかない。

今、チャンネルがスタートして2年とちょっと。

俺は、ホームレスを卒業して、山梨県の古民家に住んでいる。これはもちろん、チャンネルの収益で買ったもの。ホームレスだった頃の俺からすれば、想像もできないほど心穏やかな暮らしをしている。なぜ「山梨の古民家」なのかについては、本編で詳しく話そう。

今回、出版の話をいただいたとき、返事をするのに1カ月以上考えた。

だって、俺なんかがエラそうに、人生について語ることなんて何もないから。

でも一方で、こうも思った。

どうせこの先長くはないから、自分のためにも、これまでの道程を振り返るのも悪くないんじゃないかってさ。


思い起こせば、俺の人生は、そのほとんどが「絶望」と言える日々だった。

特に、ギャンブルで脳を溶かしていた30代から50代は、思い出すことすら憚（はばか）られるくらいの暗黒の時代である。

残りの人生を半ば諦めたところで、ヒヤマさんという男が登場し、奇跡のような逆転劇が起きた。パチンコで言ったら、青保留からの最弱リーチで、ハズレを引いてからのまさかの画面フリーズ状態だよ。いや、ギャンブルは断ち切ったんだ。こういう例えはやめよう。

どのような逆境を生き抜いてきたか

とにかく、深く暗い穴のどん底にいても、生きてさえいれば、何が起きるかわからない。

年齢も関係ない。

俺は66歳で人生初のユーチューバーになって、ホームレスから古民家を購入し、恐れ多くも「本を出さないか」とお声がかかるまでになった。「大富豪」にはまだまだ道半ばだけど、日々生きる意味を見出せるささやかな夢もできた。

人生って、本当にどう転ぶかわからない。

これを皆さんと共有するために、俺が今まで歩んできた紆余曲折（うよきょくせつ）の人生を、一冊にまとめることにしました。

とはいっても、俺はパソコンをカチカチするような柄じゃないから、実際に書いてるのはライターさん。でも基本的に、俺が話したことを忠実に文字にしてもらっているので、嘘偽りはありません。

俺のしんどい暗黒時代から、YouTubeのこぼれ話まで、全て包み隠さずお話しします。

言っとくけど、これを読んでも何の勉強にもなりません。

でも、何かに落ち込んでいたり、人生に希望が見えないと感じている人が、読み終わった後に「なんか元気出た！」と思ってくれたら、俺も「本を出してよかった！」と思えます。

まあ正直なところ、俺も昔のことはかなりうろ覚えだし、かなりふわふわした内容の本だよ。だから肩ひじ張らずに、ラクな気持ちで読んでくれたら嬉しいな。

［目次］

ホームレスが大富豪になるまで。

YouTubeで人生大逆転！
どん底から這い上がるには

はじめに 002

CHAPTER 1

自由な人生を夢見た青春時代 017

▼元ヤクザのオヤジに学んだ人生の教訓 018
▼火事で芋を焼く不謹慎な小学生 021
▼勉強する理由、俺ならこう考えるね 023
▼スナックと雀荘通いだった中学時代 024
▼革命を夢見て学生運動にハマった話 026
▼昭和の娯楽と言えばみんな映画だった 030
▼受験勉強や大学は通過点にすぎない 033
▼一流商社を辞めて自由奔放な人生へ 036

COLUMN 1
ディレクター・ヒヤマの撮影裏話①
「ナムさんのアナザー・ストーリー」 040

CHAPTER 2 気づけばギャンブル沼にハマっていた

043

▼ギャンブル脳の人間に常識なんてない 044
▼美学を語るギャンブラーに騙されるな 046
▼ボートを理由に日本全国を転々とする 050
▼コンビニに行く感覚で実家を売った 053
▼富士の樹海で同僚に殺されかけた話 055
▼決して物はくれないデリヘル嬢の彼女 059

▼お盆の時期に隅田川でホームレス体験 062

COLUMN 2
ディレクター・ヒヤマの撮影裏話②
「ギャンブルに卒業はあるのか」 066

CHAPTER 3
地下通路でホームレス生活が始まる

073

▼異様な空気を放つドヤ街・寿町 074
▼一夜の寝床を求めていざ地下通路へ 077
▼ホームレスの1日は朝8時に始まる 085
▼自由な人生なんてホームレスにはない 092
▼決して友達になれない複雑な人間関係 093

▼個人主義と集団マインドを兼ね備える 096
▼日常的に繰り返される「放火と暴行」 099
▼孤独ではないけれど時々涙を流す 103

COLUMN 3
ディレクター・ヒヤマの撮影裏話③
「ホームレスと付き合って考えたこと」 105

CHAPTER 4
ホームレスが大富豪になるまで。 115

▼人生を変えたヒヤマさんとの出会い 116
▼牛丼を食べるだけの動画が70万回再生 119
▼ホームレスもユーチューバーも本質は同じ 121

▼ここはもう俺がいるべき場所じゃない 125
▼ユーチューバーになれば人生は幸せか 127
▼段ボールハウスでの自殺未遂事件 130
▼一匹狼が「人の縁」の大切さに気づく 133
▼68歳の新たな目標「ナム村」とは 136

COLUMN 4

ディレクター・ヒヤマの撮影裏話④
「社会復帰としてのYouTube」 147

CHAPTER 5

「天と地」を経験した男の人生哲学

163
▼やりたいことなんて見つからない 164

▼「今の積み重ね」の先に未来がある 167
▼逃げることにも覚悟がいる 168
▼結局、友達がいた方が人生は面白い 170
▼人間関係に悩むよりも自分を磨け 171
▼SNSからの誘惑には乗るべからず 173
▼スマホを過信せず、自分の頭で考える 174
▼もう人生から逃げず、家族と向き合う 176

COLUMN 5
ディレクター・ヒヤマの撮影裏話⑤
「ナムさんにとっての幸せとは?」 180

おわりに 185
ナムさんの人生年表 188

CHAPTER 1

▼

自由な人生を夢見た青春時代

元ヤクザのオヤジに学んだ人生の教訓

読者の皆さんに、最初に謝っておきたいことがある。

この本は俺、ナムの本。

つまり、俺の人生について語る内容になってるんだけど、正直言って、昔についてはあんまり語ることがないんだよね。

よく覚えてないし、覚えていても、話したくないことがたくさんあるからさ。ありもしないことを面白可笑しく語ってもしゃあないし。

まあでも、思い出せる限りのことを、徒然なるままに書き起こしてみる。知ってる？　吉田兼好。俺はこう見えて、文学とか映画には意外と詳しい方なんだ。

まあ、そんなことは置いておいて。

生まれは福岡の片田舎。

オヤジ、お袋、兄貴2人、そして俺。5人家族で育った。

共働き家庭だったから、両親が家にいることはあまりなかった。お袋は美容師だったけど、オヤジは何をしてたんだっけ。……まあ、何かしらの仕事はしてたんじゃない？　一応家族5人で暮らしていけてたわけだから。

あんまり大っぴらに言うことでもないけど、オヤジは元ヤクザだった。直接聞いたわけじゃないけど、背中に紋々入ってたし、小指がなかったから、そっち系の人だったんだろうね。

別に怖くはなかったよ。オヤジはオヤジ、俺は俺って感じで、親がどんな仕事をしていようが、どんな人生を歩んでいようが、関係ねえよって感じかな。

俺はバリバリの昭和世代で、その頃って、家父長制みたいなのが当たり前だったでしょ。つまり、家族のなかでは父親が一番エラくて、父親の言うことが絶対だ、みたいな価値観が普通だった時代だよ。

ところが、うちの家族はちょっと違った。オヤジはいつも、「お前の人生はお前のものだから、好きにやれ。その代わり、責任は持てよ」って言ってたの。てめえの人生なんだから、こっちは知らねぇよと。だから俺も、親の人生には干渉しないわけ。ある意味ではドライだし、親と子がすごく対等な関係性だったとも言える。

そんな環境で育った俺からしてみれば、今の一般的な〝家族の形〟がすごく滑稽（こっけい）に映る。お互いに干渉しすぎっていうかさ。

子どもは親が敷いたレールの人生を歩んで、そこで失敗したら、その責任を親が取ったりするでしょ。親がそこまで面倒みる必要はないし、子どもの方も、自分の意思で生きていかなきゃいけないわけ。

親も子どもも、自立した別の人間なんだよ。

だから、お互いの人生に口出しすべきじゃないし、リスクや責任も全て自分で背負っていくべきだと思うね。

お袋と兄貴については、ほとんど記憶がない。

お袋との唯一の思い出は、大人になってから一緒にパチンコ行ったことくらいかな。今思えば、なんで2人でそんなとこに行ったんだろうな？

上の兄貴は俺が中学のときに集団就職で遠くへ行って、それっきり。下の兄貴は23歳でガンで死んじゃった。

下の兄貴とは仲がよかったから、若くして死んだことはショックだった。兄貴がいつも身につけてた金のネックレスを形見にもらって、ずっと大事に持ってたよ。

結局、ギャンブルでつくった借金のカタに売っちゃったけどね。

火事で芋を焼く不謹慎な小学生

小学生時代のことで覚えているのは、とにかく田舎だったこと。

近くに大きな川があったっけ。小学生の頃は、よくそこで魚を捕まえて遊んでた。

ドンポって知ってる？　川魚なんだけどさ。そいつを捕まえて、家に持って帰ってフライにしてもらうんだけど、これがなかなか美味(うま)くてね。あとはナマズ、サワガニとか、そんな魚がたくさんいたよ。

田んぼや原っぱでもよく遊んだ。木の上に秘密基地をつくって友達と過ごしたり、木の実で鉄砲玉をつくって遊んだり。野生のシイの実とかグミの実が、そこらじゅうになってたの。それを採って食べたりさ。

1つ、鮮明に覚えている記憶があるよ。近所で起きた火事のこと。

どこかの家から火が出て、結構派手に燃えたんだ。そのとき真っ先に思ったのが、「焼き芋できるじゃん！」ってこと。急いで家から芋を持っていったら、そこにいた大人に思いっきり殴られたよ（笑）。

まあ、今思えばとんでもない小学生だったよね。

勉強する理由、俺ならこう考えるね

こんなことを言ったら驚くかもしれないけど、俺はとびきり勉強ができた小学生だった。何ていうか、勉強が苦じゃなかった。

授業はもちろん、家に帰ってからも自主的に勉強をした。中学生のときは、家にいる時間はほとんど勉強してたんじゃないかな。親にやれって言われたわけじゃないよ。学生のうちは、勉強するのが当たり前だと思ってたから。

別に、テストでいい点数を取りたかったわけじゃない。通知表や点数なんて、ハッキリ言ってどうでもいいもんなんだ。

じゃあ何のために勉強するのか？

人に何かを言われたときに、ハッキリとした受け答えができる男になるためだよ。

勉強して知識をつけると、周りがよく見えるようになるじゃない。「一を聞いて十を知る」って、俺は昔からこのことわざが大好きだった。周りがよく見えるようになると、コミュニケーションにも自信がつくようになる。勉強することの意味って、これなんだよ。

だから俺は、子どもの頃から、相手を論破するのが大好きだった。イヤな小学生だよね（笑）。

友達はたくさんいたけど、基本的にワンマンプレイで、自分の意見は遠慮なくズバズバ言うタイプだったと思う。それは今も変わってなくて、ヒヤマさんやカワグチくん（YouTubeチャンネル『ホームレスが大富豪になるまで。』のプロデューサー）は結構大変みたい（笑）。

スナックと雀荘通いだった中学時代

俺の動画を観たことがあるなら、ナムはギャンブル依存者っていうイメージがある人も少なくないと思う。俺の人生を奈落の底に突き落としたギャンブルとの出会いは、何を隠そう、中学生時代にさかのぼる。

同級生のオヤジがスナックと雀荘を経営してたのが運の尽きだった。俺はたちまちそこの常連になって、酒、タバコ、博打（ばくち）、お姉ちゃんにハマりまくった。毎日のようにスナックに足を運んで酒を飲んで、その後に麻雀（マージャン）を打って、そのまま雑魚寝（ざこね）して。

学校ではいつも二日酔いだよ。

パチンコもやったね。今はパチンコ屋に中学生がいたらすぐに追い出されるんだろうけど、あの頃はゆるかったからさ。近所のパチンコ屋とスナックは、大体顔なじみだった。

酒は大体、ギルビージンっていう安酒だった。そいつをストレートで飲む。味なんかわからないよ。美味くもないしまずくもないけど、酒ってこういう味なんだなと思って、スナックでボトルキープしてた。中学生がね（笑）。

時代だよ。昭和って何でもアリだったから。

ただ、俺は不良ではなかったと思うよ。酒とギャンブル三昧（ざんまい）だったけど、勉強をさぼることはしなかった。相変わらず成績はよくて、遊びも全力だったから、不良っていうより、むしろスーパー中学生だよね（笑）。

大人にも子どもにも言えるけど、遊びにはリスクが伴うんだよ。というか、遊ぶことそのものがリスクなの。そのリスクを負うためには、当然、リスクヘッジをしなきゃいけない。子どもの場合はそれが勉強で、遊んだ分の勉強は必ずしなきゃいけないわけ。

遊ぶためには、そのリスクを負う覚悟が必要なんだよね。

革命を夢見て学生運動にハマった話

学生運動って知ってる？

今の若い子は知らない子も多いかもしれないけど、俺が10代の頃は、学生運動ってやつが盛んな時代だった。

要は、学生が社会に対して抗議活動をするんだよ。政治がけしからんとか、学費が高いとか、戦争をやめろ（当時はベトナム戦争真っ盛りだった）だとか、そういう主張を掲げて世の中に革命を訴える。デモを起こしたり集会をしたり、大学に立てこもってストライキを起こしたりして、学生の熱気が日本を動かしていた時代だった。


俺が学生運動の空気に初めて触れたのは、中学3年生のとき。

たまたま家の近所で、大勢の学生が機動隊とバチバチにやり合ってるのを目の前で見たんだよね。

そのとき、鳥肌が立った。機動隊に立ち向かっていく学生の姿がカッコよくて、俺も革命を起こす一員になりたい！って熱い気持ちが沸き上がってきてさ。

当時、地元の九州大学では、学生運動が活発に行われていた。全共闘系と呼ばれる学生がストライキをやったり、座り込みで抗議集会をやったりして、大学に機動隊が出動する騒ぎになったりしてたんだよ。

全共闘系と革マル派が激突して逮捕者が出たりさ。日本だと今はあまりないから想像つかないよね。

で、九州大学の教養部（今はもうない）で、若い子たちに「学生運動とは何か？」っていうのを教えてくれる集会をやってたの。

当時中学3年生だった俺は、そんな大学生たちの仲間に入りたくて、そこに足繁く通ってた。

俺は徐々に、学生運動ってやつに傾倒していった。

集会では、マルクスの『資本論』とか『毛沢東語録』なんかを勉強して、バリバリに理論武装してさ。学校では坊主頭にしなきゃいけなかったんだけど、髪を伸ばして「反体制」を訴えた。ビラ配りやデモにも積極的に参加した。

活動に一番熱が入っていたときは、竹槍を持って交番を襲撃したり、デモの最前線で機動隊にボコボコに殴られたりした。

確か当時は沖縄返還の前で、「沖縄を日本に返せ！」っていうスローガンを掲げてデモしてたんだと思う。今思い出すと、俺もそんな元気だった時代があったんだなぁって思うよ。


そういう青春を送ってきた俺から見ると、今の若者は、何ていうか……気だるいよね（笑）。昔に比べて豊かになった証拠だとも思うけど、若い頃の俺だったら「物足りない」って感じるだろうな。

まあ今は、革命なんか起こさなくたって、面白いものがたくさんあるからね。スマホ1台持っていれば、世界中のいろいろなものにアクセスできる。あらゆる娯楽を含め、昔は各々が「夢中になれるもの」が、極めて限られていた時代だったと思う。

昭和の娯楽と言えばみんな映画だった

ごめん、生い立ちとは全然違う話していい？

娯楽といえば、当時、映画を観る授業があったことを思い出した。俺、映画が好きでさ。

インターネットがなかったあの頃、最高の娯楽と言えば映画だった。映画館の料金は今よりずっと安くて、内容も面白いものばかりだったよ。当時はさ、何ていうか、力強い映画が多かった。グッと胸をえぐられて、一生忘れられないような映画だよ。

ここでちょっと、俺の心の名作ベスト3を紹介したい。

まず1つ目は『地獄の黙示録（もくしろく）』（1979年）。

フランシス・フォード・コッポラ監督の映画で、ベトナム戦争の話だ。映画の中で、アメリカ兵がヘリコプターで敵を襲撃する有名なシーンがあるんだけど、BGMでワーグナー(19世紀ドイツの作曲家)の「ワルキューレの騎行」という曲が流れる。これがスゴい。戦闘シーンにハマりすぎてて、観ていて鳥肌が立つ。このシーンは一生忘れられない。

2つ目は『天地創造』(1966年)。
アダムとイヴやバベルの塔といった旧約聖書のエピソードを映画化したやつ。
これを観たのは確か小学生の頃で、ノアの箱舟のシーンに感動したの。

3つ目は『十戒』(1956年)。
なんと3時間40分もある超大作。これも旧約聖書の話で、「出エジプト記」を映画化したやつ。とにかくそのスケールに感動するわけよ。「長すぎる」とか言うタイパ中毒の人にこそ、死ぬ気で観てほしいね。くだらないネットニュースを眺めてる時間より、『十戒』を観る3時間40分の方が、よっぽど有意義だから。

今って、インターネットであらゆる映画を観られるよね。

俺も観てるけどさ。

逆に言えば、わざわざ映画館まで足を運ぶほど価値のある映画がないのよ。

俺的にはね。意味わからん、過去に行ったり未来に行ったり、そんなの何が面白いんだろうって思う。もっとほかに、人生において本質的な話題ってあるんじゃないかって思うのは俺だけ？


ちなみに、俺が今映画を撮るとしたら、穴に落ちたらタイムスリップする話がいいな。いや、過去に行ったり未来に行ったりがつまんないって言ったばかりだけどさ、この「穴に落ちたら」っていうのがポイントなんだよ。普通に歩いてて、足を踏み外した瞬間に、違う時空の世界に行っちゃうの。面白いと思うんだよねぇ。

あとはそうだな、天空の世界から、俺が地球を見下ろしてる世界の話。でさ、世界各地で起きてる戦争とかを、一瞬で止めたりすることができるわけ。神様みたいにね。

具体的なストーリーは知らないよ。今、パッと頭に浮かんだ映像がそんな感じ。映画にしたら売れると思うよ。ヒヤマくんに今度、ナムプロデュースで映画撮らない？ って相談してみようかな。

受験勉強や大学は通過点にすぎない

俺の生い立ちに話を戻そう。

高校は進学校に行ったから、とにかく勉強漬けの日々だった。毎日、朝の3時とか4時まで勉強してたんじゃないかなぁ。

ほとんど寝てないよね。


あ、俺が今ショートスリーパーなのって、このときの影響があるのかもしれない。俺、長い時間寝ることができないのよ。

今日起きたのは、朝の4時でしょ。ワンカップを飲んで、また布団に入って寝て。次に起きたのが6時。で、また一杯飲んで寝て、9時に起きてニュース観て、また寝ての繰り返し。2時間睡眠を刻む感じなんだけど、それって、高校生のときに勉強しまくってたからかもしんない。

まあいいや。

高校のときはひたすら受験勉強して、東京の国立大学に入った。上の兄貴みたいに就職する道もあったけど、俺、外務省で働きたかったから。

俺の大学時代は1970～80年代にあたるけど、当時の日本は、なんかガチャガチャしてたんだよな。バブルもあったし、政治も国際情勢もいろいろあった。学生運動も下火になってて、なんか虚しい雰囲気。

そういうのを見てて、日本に未来はないなって思っちゃったの。

だから、大人になったら海外で働きたかった。海外の方が、未来がありそうじゃん。そんなに深く考えてたわけじゃないけどさ。

日本ではないどこかで、未来を見たいっていう夢があったの。外務省なら、それが叶(かな)うと思ってた。

そんなわけで大学受験をして、東京の国立大学に入学した。

大学時代の思い出はないね。友達もいないし、サークルにも入らない。いつも1人でいて、勉強ばかりしてた。

ハッキリ言って、大学の友達や先輩とかとつるむのが時間の無駄だと思ってたから。だって、1人の方が何でもできるじゃん。誰かに誘われたり、サークルに入ったりしたら、それだけで俺の時間が潰される。それに耐えられない。だって目的は、勉強して4年間できっちり卒業して、外務省に入ることだったから。

今の子もそうなのか知らないけど、大学がゴールだと思ってる人、多いでしょ? 違うじゃん。大学なんて、通過点の1つだから。

常に自分の未来を目標に定めて、今いる場所は、通過点だと考えないと。

だから俺、酒もギャンブルも、受験勉強を始めた高校生から大学にかけては一切手を出さなかったよ。そういうのは中学生で卒業しちゃった。卒業っていうか、いったんお休みって感じかな。社会人になれば、イヤというほどできるのはわかってたから。

一流商社を辞めて自由奔放な人生へ

と、そんな偉そうなことを言ってはみたけど、俺は結局外務省には進まなかった。

理由は、そうだなぁ……。やっぱ違うなって思ったから。ただそれだけ。

そんで代わりに、大学を卒業した後は商社に就職した。

財閥系の有名商社で、まともに働けば、年収1000万円は軽く超えるような会社だよ。いわゆるエリートコース、外務省には行かなかったけど勝ち組だよね。

でも、そこは2年で辞めちゃった。

海外赴任しろって言われたから。

お前、海外で働きたかったんじゃなかったのか？　って思うかもしれない。

確かにそうなんだけど、赴任先がアフリカだったんだよ。当時のアフリカって、今もそうかもしれないけど、政情不安でめちゃくちゃ治安が悪かったの。イヤじゃん、仕事とはいえそんな場所で生活するの。

大学生の頃は、海外で働きたいっていう夢はあったよ。でもこのときは、そんな夢は消えちゃってたんだろうな。いや、アメリカとかヨーロッパならわかるけど、アフリカって……。とにかく、海外に行くのなんてまっぴらゴメンだったね。


実際のところ、海外赴任を言われる前から辞めたい気持ちはあったよ。何ていうのかな、「俺の居場所はここじゃないな」って感じ。毎日決まった時間に起きて、満員電車に揺られてさ。いわゆるサラリーマン的な生活が、俺には死ぬほど苦痛だった。

団体行動っていうのも性に合ってなかったのかな。俺は基本的に、子どもの頃から一人行動が好きなタイプだったから。友達もいないよ。未だに1人もいない。でも会社に属する以上、同僚やら上司やらと一緒にやっていかなきゃいけないでしょ。それ、ムリだったから。

そうは言っても、せっかく就職した大企業を2年で辞めるなんて、信じられないっていう人も多いでしょ。だって少し我慢して働けば、未来の安定が約束されるわけだから。

でも俺は、思考が全く逆。

人生、そのとき本当にやりたいことをやった方が絶対にいい。俺は、人生に安定より冒険を求めたい。

「お前は糸の切れた風船みたいなもの」

よくオヤジにそう言われたよ。

要するに、畳の上じゃ死ねないよって意味。俺はそれでいいと思ってる。

人間、いつかは絶対死ぬ。それが早いか遅いかの違いはあるけど、死ぬことだけは確定してるわけでしょ。

極端な話、俺は今、急にバタンって死んでも全く構わない。やりたいことを散々やってきたから、後悔は1ミリもない。

ここで後悔をしたくないから、絶対、自分が本当にやりたいことをやって生きた方がいいんだよ。周りの意見や価値観は関係なくね。

で、俺は商社を2年で辞めた。

結果的に言えば、これが地獄の始まりだったんだけどね（笑）。

COLUMN 1

ディレクター・ヒヤマの撮影裏話①

「ナムさんのアナザー・ストーリー」

ディレクター目線の「ナムさんの物語」

皆さん、初めまして。ヒヤマと申します。

ナムさんのYouTubeチャンネル『ホームレスが大富豪になるまで。』のディレクターをしております。

「ナムさんの本なのに、何でお前が出てくるんだ？」

そう感じた方もいらっしゃるでしょう。

僕もそう思います。

一方で、いくつかの理由から「ヒヤマも登場した方がいいのでは？」という声が上がり、こうして語らせていただいている次第です。

その理由とは、ナムさんがとにかく昔のことを覚えていないこと。覚えていないどころか、覚えていても話してくれないんです。

本を出すんだからしっかりしてよって話ですが、本人は頑（かたく）なに「覚えてない」「言いたくない」の一点張り。かと思えば、「そのエピソード、この前聞いた内容と違くない？」っていうこともあったりして、1人の人間の人生録として、あまりにもまとまらない。

第1章の内容も、何度も何度も取材を重ねてようやくここまで引き出せた感があります。途中、「実は漁師だった」とか「テキヤの兄ちゃんやってたこともある」とかいろんな話が出てきたんですが、話が散らばりすぎるので適当に省きました（笑）。

ここでは、読者の皆さんが少しでもストーリーをイメージしやすいように、僕ヒヤマが、ある程度客観的な立場で登場することで、ナムさんの話に補足させていただきたいと思っています。

ナムさんが語る本文の内容に加えて、僕がディレクターとしてナムさんと付き合っていくなかで経験したこと、感じたこと。「ナム目線からはこうだったけど、ヒヤマ目線ではこうだった」みたいなことや、動画でも取材でもなく、僕個人に話してくれたエピソードもありますので、その辺りに軽く触れながら、本書をより立体的に楽しんでいただけたらと思っています。

もちろん、「ナムさんの言葉にしか興味ないよ！」という方は、このヒヤマパートは華麗にスルーしてくださいませ。

ちなみに、本書に僕のパートがあることを、ナムさんはまだ知りません（怖）。今から原稿チェックなのですが、「俺の本なのに出しゃばるな！」と怒られないことを祈るばかりです。

CHAPTER 2

▼ 気づけばギャンブル沼にハマっていた

ギャンブル脳の人間に常識なんてない

人ってさ、何かやりたいことがあっても、それをやることのリスクとか、周りの人がどう思うかみたいなことを考えるじゃない。当たり前に。

極端な例だけど、コンビニに入って、目の前のおにぎりを買いたいなと思う。でも、自分の財布には1円もお金がない。だからおにぎりは手に入らない。諦める。万引きしたら捕まっちゃうかもしれないし、そもそも万引きは犯罪だからね。

でも、ギャンブルやってる人間の思考は違う。
周りの人がどう思うかとか、倫理とかリスクとか関係ない。必要なものがあれば、どんなやり方でもそれを手に入れるしかないんだよ。何も怖くない。誰にいくら借金しても、周囲の信用を失っても、痛くも痒(かゆ)くもない。

ただ、目の前に転がってる勝ち目を逃すこと、これだけが恐ろしい。


そういうギャンブルの沼に俺がハマったのは、商社を辞めてすぐの頃だった。

商社を辞めて間もなく、俺は建設業界で働き始めた。簡単に言っちゃえば現場仕事だね。一応その分野の勉強もしたけど、まあ、体力さえあれば誰でもできる仕事だよ。


ある日、現場の先輩に連れられて、ボートに行った。

ボートレース。競艇ね。

そこでたまたま、10万円勝っちゃった。これが俺の運の尽きだったわけ。

そこからどんどんボートにハマって、1人でも通うようになった。最初は月に1回、そこから週に1回、最終的には毎日やるようになって。気づけば借金だらけになってたよ。

当時は競馬もやったけど、ハマったのはボートだった。競馬は大体18頭くらい馬が走るけど、ボートは6艇だから、競馬より当てやすいんだよね。

ギャンブルの魅力って、「当たった」っていう一瞬の快楽だから。それ以外ない。その瞬間を味わうために金を突っ込むんだよ。

俺にとって金とは、食べ物と一緒だね。いいものを食って「めちゃくちゃ美味い！」っていう感覚を味わうことと、ギャンブルは同じ構図だな。俺、ギャンブルで勝った金を、生活費やほかの遊びに使うことってほとんどないから。勝った金は、またギャンブルに使うだけ。「当たった！」っていう快楽を味わうためにね。

美学を語るギャンブラーに騙されるな

ボートは、いろんな賭け事にハマった人が最終的に行きつくギャンブルって言われてる。

なんでだと思う？

シンプルだからだよ。

ボートってシンプルなの。たった6艇のなかから1等を当てればいいだけだし、競馬に比べるとそれほど荒れない。ルールや要素がシンプルなほど、ギャンブル性は高まっていく。バカラみたいにね。

とはいえ、バカみたいに勘で賭けてるわけじゃない。そこにはちゃんと、ギャンブラー1人ひとりの理論があって、それに従ってお金を突っ込むわけ。

例えばボートなら、場所によってコースのクセがある。競艇場は全国に24カ所あって、海に近い場所なら海水だし、川の水でやってるところもあるし、プール型のもある。それによって、潮の影響を受けやすいとか、湖の近くなら雪解けで水位が変わるとか、いろいろあるわけよ。

あとは、レーサーのコンディションもある。そいつの成績とか、部品交換してる様子とかを見て、「今日は気合い入ってるな」っていうのがわかるわけ。でも、そいつを買うわけじゃない。あえてそいつの外側を走るやつを買う。気合い入ったやつが無理やりインコースに入るスキに、外からまくってくるやつがいるから、そいつを狙う。

こういう理論に加えて、多少はゲン担ぎもする。ツキが落ちるから、勝ったときは風呂に入らない。勝ったときのシャンプーをずっと使う。この2つはずっと守る。気持ちの問題だよね。理論とメンタルで武装する。それがギャンブラー。

と、ここまでやっても勝てない。

不思議と勝てないんだよ、ギャンブルって。鉄板なんてないの。だからギャンブルなんだけど。

よく、ギャンブルの美学とか言うでしょ。あれは戯言。美学なんてものは存在しない。

勝つためにはこうしろとか、己を信じろとか、いろいろ言うじゃん。ギャンブラーって、みんな自分なりの「美学」を持つようになるんだけど、そうなったら終わりだね。そんなの、単なる自己陶酔にすぎないよ。

ギャンブルだけじゃない。仕事に恋愛、あるいは生死に対して「美学」という言葉を持ち出しちゃいけない。そんなものは存在しなくて、あるのは自己陶酔の世界だけなんだから。

つまり、どう転んでも、ギャンブルに手を染めたら終わりなの。最終的には、絶対に勝てないようにできてる。

ちなみに、ボート同様、バカラもまた、ギャンブル依存が最終的にハマるゲームだと言われている。知ってる？　バカラの意味は「破産」なんだよ。だからまあ、そういうこと。ギャンブルにハマった先に待っているのは、破産だけなんだ。

ボートを理由に日本全国を転々とする

商社を辞めて、建設業界で働き始めたと言ったよね。

俺がやっていた仕事は、具体的に言うと土工作業にあたる。ビルとか道路とかをつくる現場に行って、採掘やら資材の運搬やら、工事に関するさまざまな仕事をする作業員。

で、そういう現場って、日本全国にあるでしょ。だから現場に合わせて、いろいろな場所に遠征するんだよね。

今は知らないけど、昔って、建設現場は契約仕事が多かった。現場ごとに、3日契約、10日契約、1カ月契約とあって、その期間は住み込みで働けるようになってるの。だからどこかに定住せずに、明日は関西、来週は東北、来月は四国……と、全国を放浪してた。給料は、大体日給9000円くらいかな。当時はね。

ただし俺の場合、仕事に応じてというより、ボートに応じてっていう方が正しかったかもしれない。

さっきも言ったけど、競艇場って、全国に24カ所あるんだよ。熱いレースがあったらそれをやりに行って、ついでに近くに現場があったら働くっていう感じ。鉄板のレースを見つけたら、10万円を握りしめて新幹線に乗るわけよ。もちろん、一点10万賭け。勝ったらでかいし、仮に負けても、その土地で仕事を見つけて適当に稼ぐ。で、また熱いレースがあったらそこに行く。その繰り返しだね。

まあ正直なところ、全国を転々としていた理由は、ボートだけじゃない。

この話はあんまりしたくないんだけど、その場所に居づらくなって消えたこともある。

例えば、ある現場に入ったときのこと。

宿舎のロビーにテレビがあったんで、ソファに座ってテレビを観てたんだよね。そしたら、おそらく俺より先に宿舎に入っていたであろう作業員に、「お前、なに俺の場所に座ってんだよ！」って怒鳴られたわけ。俺、頭に来て。そんなの知ったこっちゃねえじゃん。

あまりにも腹が立ったから、その夜、ビール瓶でそいつを殴っちゃったんだよ。瓶が派手に割れてさ。そんでその足で、荷物をまとめて出ていった。勤務日数ゼロのままね。その後どうなったかは知らない。そいつが生きていることを願うばかりだよ。

つまりさ、俺はこんな感じに、人間関係をリセットしながら全国を回ってたんだよね。

だから本音を言えば、YouTubeや、こういう本のなかで自分の過去を話すことについては抵抗がある。俺、全国規模で恨みを買って生きてる人間だからさ。

コンビニに行く感覚で実家を売った

俺のことを恨んでいる人はたくさんいると思うけど、家族はその筆頭かもしれない。なんせ俺、30代半ばのときに、実家を売りに出しちゃったから。

理由はもちろんボートだよ。ボートで負けが込んで、あらゆるところからお金を借りて首が回らなくなって、実家を売るしかなくなった。両親が家にいない時間を見計らって、タンスにあった家の権利書と実印を、その筋の人に渡したの。1500万円くらいにはなったかな。

そのお金も2週間くらいで使い切っちゃったけど。

ギャンブルのために実家を無断で売りに出すなんてとんでもないよね。でも、博打沼にハマってる人間から言わせれば、すごくシンプルな話。タバコがなくてコンビニまで買いに行く。財布にお金が入ってない。だから家を売ってお金をつくる。それだけの話なんだよ、これは。

俺が実家を売った話についてはよく質問されるし、聞きたがる人が多い。それだけ信じられない行為なんだろう。確かに俺も、今となっては、やべえヤツだったなって思うけど、ギャンブル中毒の思考回路ってこうなの。沼にハマっている人間に、倫理とか道徳とか説いても意味ないよ。コンビニ感覚で実家売るんだからさ。


俺、家族とはほとんど連絡を取り合ってなかったし、実家を売った後もずっと音信不通だから、オヤジやお袋や兄貴がどうなったかは知らない。オヤジは死んだって聞いたけど、今は多分、お袋も死んでるんじゃないかな。兄貴は生きてるだろうけど、俺の顔も見たくないだろうね。

まあでも俺も、家族とはもう死ぬまで会いたくない。

悪かったなっていう気持ちもなくはないけど、自分のなかで、家族は過去の縁だね。

富士の樹海で同僚に殺されかけた話

周囲から恨みを買う人生。さもありなんとも言うべきか、俺自身が死にそうになったことも何度もある。

あれは、俺が40代の頃。

ある建設現場で働いていたときのこと。一緒に住み込みで働いていた同僚に、頭の悪いヤツがいた。仕事が全然できなくて、みんなにパシリに使われてるようなヤツだよ。いつも鼻水垂らしててさ。

そいつが、寮の他の従業員の金を盗んだの。で、俺に「金を持って一緒に逃げよう」って持ちかけてきたわけ。

びっくりしたよ。お前、そんな度胸あったのかよってね。

俺もちょうど退屈しててさ。ここにいても面白くないし、バックレたろかと思ってたところだったの。で、車を持ってたから、金を持って2人で逃げたんだよね。

でも途中で、そいつといることが煩わしくなってきた。なんせ頭の悪いヤツだったから、一緒にいても損するばっかりなんだよ。寝しょんべんとかするしさ。

だから逃げてしばらくしてから、車を売っぱらって、その金を折半して、そいつとはオサラバしたんだよね。俺たち、別々の道を行こうぜってね。そしたらあろうことが、そいつ、俺と別れて元の建設現場に戻っちゃったんだよ。何考えてんのか知らないけどさ。多分、1人になって不安になっちゃったんだろうね。本当にバカなヤツだった。

ある日突然、そいつから電話がかかってきてさ。「会いたいから、○○駅まで来てくれ」と。そのときはまだそいつが元の現場に戻っていることなんて知らなかったから、俺、のこのこと待ち合わせの駅まで行ったわけ。

で、駅に着いたらそいつが立ってて、「おう」って声をかけた瞬間、陰に隠れてた現場の他の従業員と社長が出てきたんだよ。驚く暇もなく、ヤツらに首根っこ摑(つか)まれて車に押し込まれた。目隠しさせられて、「お前、自分がやったことわかってるよな?」ってね。

こんなドラマみたいなこと、ホントにあるんだって思ったよ。ドラマだったら、行き先は海か山だよね。

俺の場合は後者だった。車が止まって、外に放り出されると、そこは自殺で有名な富士の青木ヶ原樹海だったんだ。

森のなかまで歩かされてさ。適当な場所に着いたら、人が入るくらいの穴を掘り始めるわけ。

で、社長が、俺を罠(わな)にかけたアホなヤツに大きな石を持たせて、「お前がやれ」と言うんだよ。そいつに俺を殺させようとしたわけだよね。さすがに「俺、ホントに死ぬんだな」って観念したよ。

ところがそいつは、「世話になったから殺すことはできない」って、泣きじゃくりながら拒んだ。それを聞いた社長が俺に、「それならナム、お前にチャンスをやる。今から家族に連絡して、金を用意しろ。それができたら命は助けてやる」って言ったんだよ。

俺はすぐに、上の兄貴に電話した。親はもう長いこと音信不通で生きてるかどうかもわからなかったからね。まあ、上の兄貴も、連絡取ったのは十数年ぶりだったんだけど。

で、兄貴の回答は実にあっさりしたものだった。

「金は用意できないから、好きにしてください」ってね。

目の前が真っ暗になった。俺も実家売ったりいろいろ迷惑かけてるからしょうがないんだけど、やっぱり人間、死にたくないよ。で、足はガクガク、鼻水ダラダラ垂らしながら、「どうか助けてください、もう一度チャンスをくださ い」って社長に懇願してさ。

結局、助かったんだけどね。

実はもう一度だけ死にかけたことがあって。

いつだったか忘れちゃったけど、休みの日に魚釣りに出かけたんだよね。釣り竿持って自転車こいでたんだけど、前からキレイなお嬢さんが歩いてきたわけ。それに見とれてたら、竿がタイヤに絡まって、すごい派手に転んでさ。

あのときも死ぬかと思ったなぁ。

死の瞬間って、意外とそこら辺に転がってるもんだよね。

決して物はくれないデリヘル嬢の彼女

俺の恋愛事情って、誰か知りたい人いる？

あんまりいないと思うんだよなぁ。でも軽く触れておこうか。彼女がいた時期はあったし、これでも一応、結婚もしたことあるからさ。

一番長かったのは、東京の現場で働いていたときに付き合っていた彼女かな。

デリヘル嬢の女の子にハマって、7年くらい付き合ってた。当時俺は50代、相手は20歳くらい。俺が面倒みるからって風俗から足洗わせて、彼女の生活費も全部出してあげてた。

でもさ、俺が結構つくしてるのに、その子からは一度も何かをもらったことがないんだよね。誕生日もバレンタインも何もくれない。だからイヤになって別れちゃった。

結婚もしたことあるよ。

でもあれは結婚とは言えないな。

先輩の紹介で知り合って、数カ月付き合って結婚したんだけど、俺がほとんど家に帰らなかったの。で、久々に帰ったら、荷物がなくなってて離婚届だけが置いてあった。

結婚はしてたけど、一緒に過ごした時間ってほとんどなかったね。

俺の考えでは、結婚とはお互いを縛るもの。

男だったら、まず嫁さんに縛られる、次いで子どもにも縛られる。自由な時間がなくなる。

それでも、「仕事で疲れて帰ってきても、子どもの寝顔を見たら癒されます」なんて言うでしょ。あんなの最初だけだよ。大きくなればなるほど憎たらしくなってくるし、子育てにも金がかかるようになって、自分の小遣いも減っていく。

結婚するメリットなんて、1つもないんじゃないかって思うね。まあ、あくまで俺は結婚に向いてないっていう話。

でもさ、別れるときはいつも円満だよ。俺、恋人とはいつもキレイな別れ方をしてんの。「別れるときは、自分がフラれろ」っていうオヤジの格言があって、それを忠実に守ってるから。女ってプライド高いから、俺がフラれるっていう終わり方をすれば、大体は丸く収まるんだよね。

例外として、当時付き合ってたお姉ちゃんのオヤジから、「頼むから別れてくれ」って手切れ金100万円もらって別れたこともあるよ。よっぽどイヤだったんだろうね、俺みたいなギャンブル依存に彼氏顔されることが。俺だってイヤだもん。自分に娘がいて、その彼氏が、サラ金に1000万円くらい借金あったらさ。

今はフリーだけど、恋人が欲しいって考える余裕はないかなぁ。YouTubeやってたら、恋愛に割く体力もなくなっちゃう。

しいて言うなら、俺をほんわか癒してくれるような女性なら一緒にいたい。それで、俺がやりたいことを見守ってくれる人。だから俺も、相手には何も望まないよ。極端な話、俺と一緒にいない時間は別の彼氏がいたっていい。恋人とは、そのくらい自立した関係性が理想だな。

お盆の時期に隅田川でホームレス体験

50代に差しかかった頃、俺は10日間だけホームレス体験をした。

あれは夏。

世間がお盆休み真っ盛りの頃。

日雇い労働者にとって、連休はキツいんだ。なぜなら、仕事がなくなるから。

俺は手持ちの金を全てボートに突っ込んだところで、お盆休みで仕事がないことに気づいた。

俺にとって仕事がないというのは、寝床もないことを意味する。


仕方ないので、ホームレスが多く暮らすと言われている墨田川のあたりまで足を運んでみた。

東京の台東区と墨田区の境目辺りにある言問橋、そこに隣接する隅田公園周辺は、かつてはホームレスの楽園だった。

公園から川沿いにかけてブルーのテントがズラリと並び、全国各地から多くのホームレスが集まっていた。

誰かが「東京のガンジス川」なんて言ってたけど、まさにそんな感じ。今はスカイツリーができて、街の雰囲気も変わっただろうね。行ってないからわかんないけど、ホームレスの数も相当減っているんじゃないかな。

俺がそこを訪れたのは、まだ墨田川が「ガンジス川」だった頃。噂(うわさ)には聞いていたけど、手づくり感溢(あふ)れるブルーテントや段ボールハウスが並ぶ光景は圧巻だった。それぞれに個性があり、なかには、かなり年季の入ったテントも少なくなかった。雨風に晒(さら)されたリヤカーや調理器具が長期にわたる滞在を物語っており、生々しい生活感が漂っていた。

これが、ホームレスの生活か。

俺はそれらを横目で見ながら、今日から自分もここで寝泊まりするという現実に暗澹(あんたん)たる気持ちになった。俺もついに、落ちるところまで落ちたな、という思い。

あてもなくウロウロしていると、親切なホームレスが、俺にいろいろなことを教えてくれた。ここで生活するための作法や、炊き出しの場所など。寝床は公園の長椅子を使った。

なにも、ここに一生滞在するわけじゃない。

今はホームレスだけど、あくまで一時的なもの。お盆が明ければ仕事にありついて、屋根のある家で、普通の生活を送れるようになる。

墨田公園で炊き出しの焼きそばにありつきながら、俺は自分に言い聞かせるようにそうつぶやいた。

そこから10年と少し経った頃、俺は横浜の地下通路で、本格的に段ボール暮らしを始めるようになる。

COLUMN 2

ディレクター・ヒヤマの撮影裏話②

「ギャンブルに卒業はあるのか」

30〜50代はナムさんの暗黒時代

比較的新しい投稿で『【衝撃】68歳の元ホームレスの人生年表が壮絶すぎた…』という動画があります。ナムさんが産まれてから今にいたるまでの人生を振り返る内容です。

この動画、実は、本書のために取り組んだ企画でした。ナムさんの過去があまりにもぼんやりとしているので、一度動画でも撮りながら、時系列で整理しようとなったわけです。

それによると、ナムさんの30〜50代は、暗黒時代とも言うべきマイナスの人生でした。理由はもちろんギャンブルです。

本編でも触れていますが、この時代のナムさんはボートにドハマりして、常人なら気が狂いそうになるほどの額の借金を抱えながら、鋼のメンタルで日々を生き抜いています。

この時代のことについて尋ねると、ナムさんはあまり積極的に喋(しゃべ)ろうとしません。

それはおそらく、全国各地で「飛ぶ」、つまり、逃げて行方をくらましているからです。借金だったり、暴力沙汰などのトラブルだったりが原因で、「働く↓飛ぶ」という行為を繰り返してきたのだと思います。

実際に、以前ある撮影をしているときに、ナムさんが「ここでは撮影したくない」とゴネたことがありました。理由を聞くと、目の前に、昔、金を借りた事務所があるからとのこと。己の過去にかなりナーバスなナムさんは、常に「誰かに捕まるかもしれない」という恐怖心と共に生きているようです。

よくユーチューバーになろうと思ったな……。

ギャンブラーの心理は未だにわからない

僕はギャンブルを一切しません。

大昔に友人と遊びで、パチンコをちょろっと打ったことがあるくらい。数万円も賭けるようなギャンブルには手を出したことがないし、周りにもやる友人はいません。

だから、ギャンブルの楽しさ、苦しさを全く理解できないし、ナムさんの話を聞いても、実は未だにあんまり信じられていないんです。

だって、ギャンブルに数百万円って、どうやって賭けるんですか？

たった2週間で、どういう仕組みで1500万円も負けられるんですか？

決して煽ってるわけじゃないんです。それくらい、僕の知らない世界だということ。よく言う「ギャンブルで身を滅ぼした」というのは、おとぎ話や都市伝説だと思ってたんですよね。

ギャンブル狂いだった頃のナムさんを知らないので、僕にとって、ギャンブルは未だにファンタジーの世界です。1つわかるのは、「趣味」の領域をはるかに超えているということ。僕はサウナが趣味なのですが、それとは全く別次元の領域にあるものなのでしょう。

それを人は、「生きがい」と呼んだり「依存」と呼んだりするのだと思います。

パチンコする動画を撮った本当の理由

一度、『【賭博】66歳のホームレスがYouTubeの収益を3万円分パチンコに全ツッパした結果…』というタイトルで、ナムさんがパチンコを打つ動画をアップしたことがあります。

予想していたことではありましたが、これが大炎上しました。

「ガッカリした」
「ナムさんがギャンブルやるところなんて見たくない」
「こんなことのために応援しているわけじゃない」

そんな批判のコメントが相次いで、視聴者の方にお詫びをする形をとりました。

この動画を公開するかどうかは、正直かなり迷いました。

ナムさんのチャンネルを運営する僕たちにとって、「ナムさんのやりたいこと、叶えたい夢を尊重する」というのが一番の目的です。「ギャンブルをやるな」と言うのは簡単ですが、そうやってナムさんの暮らしを「縛る」のは、また少し違う。

ナムさんは以前から、「ホームレスになって博打は一切やめた」と言っていました。ユーチューバーになってからも、それは変わらないはずでした。

でも、そこは顔が売れてしまった者の宿命と言いますか……。僕のもとに、ちょこちょこDMが送られてくるんです。「関内のパチンコ屋でナムさんを見ました」という目撃情報が。

そこでナムさんを問い詰めると、「違う違う、行ってない」「でも、視聴者さんから見たってメッセージが来てますよ」「時間潰しでやっただけ。がっつり打ってはない」とかいろいろ言い訳をします。そうやって必死で弁明するナムさんの横には、パチンコの景品であろう大量の飴玉が転がっているわけなんですよね（笑）。

それならば、公式にパチンコを打つ機会を設けようということで企画したのがあの動画でした。

撮影中も、「赤保留はそんなに強くない」などとやたら最近のパチンコ事情に詳しくて、裏で打ってることを全然隠す気ないんかい！と突っ込みたくなりましたね。

ナムさん、ツメが甘いんです。そこがかわいいんですけど。

一方で、あの動画に寄せられた視聴者さんからの批判のメッセージに、ナムさんは相当堪(こた)えたようです。「応援してくれる視聴者さんのために、俺は絶対にギャンブルをやらない」と豪語しているので、あれ以来、おそらくやっていないんじゃないでしょうか。おそらくですけど。

CHAPTER 3

▼地下通路でホームレス生活が始まる

異様な空気を放つドヤ街・寿町

神奈川県横浜市に寿町（ことぶきちょう）というエリアがある。

かつては日雇い労働者、今は生活保護受給者がたくさん暮らしていて、いわゆる「ドヤ街」と呼ばれる場所だね。ドヤ街の「ドヤ」は「宿」って意味。日雇い労働者が滞在するための激安宿がたくさん集まっているから、こう呼ばれている。

全国津々浦々を放浪しながら働いていた俺は、気づいたら還暦を越して、横浜に流れ着いていた。

60歳を過ぎても相変わらず全国を放浪してたんだけど、金も尽きてきて、いろんな意味で厳しくなってきてさ。横浜に行ったら気持ちが切り替わって、環境もガラリと変わるんじゃないかって思ったんだよね。

ただ、そんな甘くはなかった。

横浜に来たのはいいものの、肝心の仕事がない。62歳ともなると、受け入れてくれる現場仕事はほぼ皆無なんだよ。

これは困ったと思って、役所に相談しに行った。そしたら寿町で生活保護を受けることを勧められて、そこから俺のドヤ街生活がスタートしたってわけ。

ぶっちゃけ、ドヤ街での生活は悪くなかったよ。当時もらってた生活保護が月に13万円くらい。宿代が1泊1700円から2500円程度で、一番安い1700円の宿に泊まったとしたら、家賃は毎月5万1000円になる。残りの約8万円を生活費に充てられるから、質素に暮らす分には何不自由なかった。ギャンブルはできないけどね。

宿は大体3畳一間で、トイレと風呂は共同。家電はテレビだけしかなかったから、貯めた金で毎月、冷蔵庫やら何やらを買い揃えていく。その気になれば簡単な料理だってできるし、近くの公園に行けば炊き出しが頻繁に行われているから、食いっぱぐれることはまずない。隣接している施設に行けば、無料で洗濯機や乾燥機、シャワー室まで使える。
楽しかないけど、暮らしていけないことはないやね。

ただ、昔の寿町は、やっぱり治安もそれなりに悪かった。
ケンカや盗難はしょっちゅうだし、自殺や殺人事件も珍しくなかった。俺が行った頃はだいぶマシになってたけど、それでもちょっと異様な感じ。道路の真ん中でさ、ドラム缶で火焚(た)いたりしてんだよ。あのエリアの独特の空気感みたいなものはあったよね。

ドヤ街に住んでた頃の思い出は1個もないね。俺、誰ともつるまずにずっと1人でいたから。ああいう場所で誰かとつるむとろくなことがない。一緒に飲みに行ったりすればすぐにケンカになるし。基本的に誰とも関わりたくなかった。

結局、ドヤにいたのはちょっとだけだよ。出て行った理由はまあ、結局、近所のヤツとケンカしちゃったんだよね。

俺も含めて、ああいう場所にいる人間がケンカっ早い理由って、失うものが何もないからだろうね。一般社会に暮らしているとさ、相手に腹が立っても、そこで手を出したら大事（おおごと）になっちゃうなっていう理性が働くわけでしょ。金も人間関係もほぼ皆無な人間は、感情のままに行動してしまう。トラブルになって居づらくなったら、その場所から消えればいいだけの話だから。

いずれにせよ、もう寿町には近づきたくもないし、寿町の話もあんまりしたくないね。

一夜の寝床を求めていざ地下通路へ

寿町を出ていよいよ住む場所がなくなった俺が最終的に辿（たど）り着いたのが、横

内
駅
日高屋
RAMEN
中華食堂 日高屋
ATLAS

関内駅周辺は人通りが多い。北口の駅前にほど近い場所に地下通路への入り口はある。

浜・関内の地下通路だった。

ＪＲ関内駅を降りてすぐのところに、その地下通路はあった。１００メートルにも満たない短い通路で、常時10人ほどのホームレスが寝泊まりしている。横浜界隈のホームレスのたまり場としては、かなり有名な場所だね。

マリナードという地下街に直結しているので、そこを通る通行人は決して少なくない。毎日大勢の人が、両サイドに連なる段ボールハウスの間の狭い道を、それを「ないもの」として無視しながら歩いていくのは、結構異様な光景だ。

俺はもともとホームレスの人に対して、抵抗みたいなものは全然なかった。その辺の河川敷にいたホームレスによくシケモクをもらったりしていたし、ドヤ街時代は炊き出し情報を交換したりもしてた。50歳の頃に一度、プチホームレス体験をしているしね。

初めて関内の地下通路に足を踏み入れた日。

正直、「汚ねえ！」って思ったな（笑）。ドヤ上がりだし、ホームレスに何の抵抗もなかったはずなのに、やっぱりそこには今までに感じたことのない独特の雰囲気があった。

連なる段ボールハウスに人の気配は感じられない。でも、たまに段ボールの切れ端からニョキッと足が出てるのが目に入る。気配はないけど、そこには確かに誰かがいて、息を潜めながら生きているのがわかるんだよ。


ふと、見知った顔がいることに気づいた。

彼の名はおのちゃん。

以前、寿町の公園で、少し話したことがある男だ。まさかここで暮らしているとは思わなかったし、あっちも俺がいることに驚いた様子だった。彼はまだ30そこそこの若者だったからね。

「今日からここで寝たいんだけど」って伝えたところ、親切なおのちゃんは、俺のために簡易的な段ボールハウスをつくってくれた。そこに1泊してみたらさ、全然、寝られるんだよね。段ボールハウスって意外とよくできてて、ちゃんと目張りがあって外からなかが見えないようになってるし、風も入らないから寒くない。

地下道みなとまちどおり

地下通路「みなとまちどおり」の入り口。この地下通路のなかで多くのホームレスが生活をしている。

しばらくして、地下通路の入り口の場所を陣取ってたホームレスが出てったから、そこを俺の陣地とした。かなり広いスペースでね。しかも少し高台になってて、雨が降っても濡れない。地下通路にはもちろん屋根があるんだけど、雨が降ると、溝に雨水が流れ込んできて段ボールハウスが濡れちゃうんだよ。その心配がなくなったのはかなり大きかった。

それで結局1週間、1カ月と住みついて、気づけば「ナムの大豪邸」と呼ばれるほど立派な段ボールハウスができちゃった。俺は次第に、残りの人生、ここで終わってもいいかなって思い始めていた。

ちなみにおのちゃんは、後に俺のYouTubeチャンネルにもチラッと出てくれたんだ。それがご縁で就職して、今は地下通路を卒業してアパートで暮らしてる。本当によかったと思うよ。

彼はまだ若いから、ちょっとしたきっかけさえあれば、いくらでもやり直しがきく。逆に言えば、若くても、誰にだってホームレスになる可能性はあるってことでもあるんだけど。

ホームレスの1日は朝8時に始まる

ホームレスの朝は早い。

関内の地下通路は、毎朝決まって8時から10時の間に清掃が入る。その間、基本的にホームレスは荷物をまとめてどこか別の場所に移動しなければならない。よって、必ず毎朝8時には起きて、その日の活動をスタートさせる。

朝の過ごし方は人によってさまざま。散歩に行ったり、公園でボーッとしたり、寿町の施設まで行って無料のシャワーを浴びたりする。

午後になるとブラブラしながら地下通路に戻ってきて、その後はひたすら寝る。眠くなくても横になる。炊き出しがあるときは足を運ぶ。

以上、ホームレスの1日の過ごし方。基本的に1日の8割は寝ている。

俺はというと、日中はもっぱら散歩をして時間を潰していた。近くに大通り

関内駅南口の近くに大通り公園はある。全長1200メートルと縦に長く、ここを当時のナムさんはよく散歩していた。

公園っていう全長1200メートルの細長い公園があって、そこを運動がてら歩き回るのが日課だった。

　歩き回って運がよければ、小銭の1枚や2枚落ちていることもある。でも俺は、自動販売機の釣銭返却口を漁(あさ)ることだけはしなかったね。あれだけはみっともない感じがしてさ。プライドが許さなかったの。


　タバコに関しては別だね。

　関内のある駐車場に、シケモクをたくさん入手できる場所があって。その駐車場に植え込みがあるんだけど、そこにみんな吸殻を捨てていくんだよ。そもそも禁煙スペースだし、なんでそこに捨てていくのかわからないんだけど。

　そのシケモクを回収して、分解して葉っぱを集める。それを紙で巻いたら、立派な紙タバコの出来上がり。専用のシガレットペーパーなんてもちろんないから、古本で手に入れた辞書を破って、それを使う。巻き終わりに、弁当で残しておいた米粒で紙をくっつけて完成。タバコの葉の再利用だから、これもエコだよね。

関内はホームレス界隈でもかなり住みやすいと言われていて、実際のところ、苦労はほとんど感じない。

食に関しては、それがかなり顕著だよ。まず、週5日で炊き出しがある。NPOだったりキリスト教団体だったり、いろんな団体が炊き出しをやっててさ。毎週日曜日は横浜中華街の有名なレストランが差し入れの弁当をくれるんだけど、あれ、普通に売ってたら3000円くらいはするんじゃないの？　俺らホームレスは、そういうのも普通に食べさせてもらってたからね。あとはたまに、通行人の方が差し入れてくれることもあった。

着るものに関しても、ボランティアの人がたくさん寄付してくれるんだよ。毛布なんかもね。だから冬になるにつれて、ホームレスもだんだん厚着になっていくわけ。ありがたいことだよね。

しいて言えば、時間がありすぎるっていう問題があるかな。だから俺は、公園を歩き回ったり、近隣の無料 Wi-Fi スポットを見つける旅に出かけたりと、

炊き出しがある日はこのように段ボールが並べられ、順番待ちが示されている。

かなり活動的に過ごしてたよ。地下通路のなかでは飛びぬけてアクティブホームレスだったと思うね。

寝て起きて、毎日同じ風景だとつまんないから、段ボールハウスも定期的に模様替えしたりしてさ。

俺の段ボールハウス、地下通路の大豪邸って呼ばれるくらいに立派な家だったからね。機能性も高くて、風が入らないよう防寒対策もバッチリだったし、内部に食料品を入れるボックス

スマホの電波はつながっていなかったため、YouTubeなどを観るときは無料Wi-Fiがある場所に移動していた。

をつくったりしてすごい住みやすいの。

　そういうの、一般の人もやるでしょ？　丁寧な暮らし、みたいなさ。あれと一緒だよ。

　俺の場合は別に楽しくてやってるんじゃないけど、とにかくあり余るほどの時間があるから。それをどうやって潰すかはホームレス次第だよね。別に、1日中寝て過ごしたって怒られやしないんだから。

自由な人生なんてホームレスにはない

そういう意味では、ホームレスという生き方は自由だよ。
というよりも、「自由だ」と思わないと、そこにいられない。

以前、YouTubeの撮影でディズニーランドに連れていってもらったことがあって。そのとき、園内の華やかな雰囲気や珍しいアトラクションよりもまず、空の広さに驚いた。関内の地下通路で暮らしていても、外に出れば空は見えるよ。でも、そこに空はないんだよ。

自由も一緒でさ。
人にも時間にも縛られないホームレスは、間違いなく自由だよ。でもそれは、本当の自由じゃない。見せかけの自由なの。

何でもできるようでいて、何にもできない現状がある。

それを直視できないから、「俺は自由だ」って思わないと生きていけない。それがリアル。

30年ぶりにディズニーランドに行ったあの日、空を見上げて「本物の空だ」って思えた。

それ、俺にとって大きな意味のあることだったんだよね。

決して友達になれない複雑な人間関係

俺が地下通路で生活していた頃は、十数名のホームレスがいた。

基本的に、ホームレス同士で個人的な情報を話すことはないよ。なんでホームレスになったとか、どういう人生を送ってきたとか、そういうのは話題にしない。「昔は金持ちでした」とか言われても興味ねえし、「人殺しました」って言われても困っちゃうじゃん。

そういう意味で、俺たちはお互いを「空気」だと思ってる。

空気だって、たまに小さな風が吹いたり、バイブレーションが起きたりするでしょ。俺たちはお互いを無視してるわけじゃなくて、「今日は暑いね」とか、「炊き出し何時からだよ」とか、そういう日常的なやりとりはするわけ。空気のなかでたまに起こるバイブレーションのように、極めてミクロで、日常的な会話が発生する感じかな。

で、定期的に空気の入れ替えをするように、今までいたヤツがいなくなったり、新しいヤツが入ってきたりする。ホームレスの人間関係はそんなイメージ。一般社会ともドヤ街のそれとも少し違う。

俺たちは友達じゃない。空気のような存在だから、いちいち誰がどうとか覚えてないんだけど、1人だけ忘れられないホームレスがいる。

そいつが初めて地下通路に来たとき、患者衣っていうの？ 病院で患者が着るやつ。あれを着てたんだよ。着の身着のままでさ。ああ、病院から抜け出してきたんだなっていうのが一発でわかった。

齢は俺と同じくらいだったかな。

何週間かいたんだけど、ある朝起きたら、そいつ死んでた。

段ボールのすき間から体が見えるんだけど、ずーっと同じ体勢のまま動かないわけ。おかしいなと思って様子を見に行ったら、息してないのよ。

俺、前日までそいつと普通に炊き出しの話とかしてたから驚いちゃってさ。慌てておのちゃん（前述のホームレスの先輩）と相談して、警察に行って対応してもらったんだけどね。

病院で死にたくなかったのかな？

本人の気持ちはわからないけどさ。

でもあいつの姿見て、俺も死ぬときはこんな感じかなって思った。こういう死に方もいいなって。

個人主義と集団マインドを兼ね備える

ホームレスで生きるためのルールは3つ。

詮索しない。
ケンカしない。
立ちションしない。

大切なのは、これらは全て個人間の問題だけじゃなく、全体に関わってくる問題だということ。何かトラブルが起きると、それを口実に市が動いて、地下通路にホームレスが住めなくなる可能性があるじゃん。
今はさ、神奈川県知事がいい人だから、ホームレスが地下通路に住んでも何も言われないわけ。通行人の人たちも、内心どう思ってるのかは知らないけど、見て見ぬフリしてくれてる。でも実際は苦情がたくさん出てるんだよ。臭いとか汚いとかね。それで出ていけって言われたら、俺らは従うほかないよ。そもそもが不法占拠なわけだから。

俺は基本的に、ホームレスになったのは自業自得だと思ってる。むしろこんなに頻繁に炊き出しがあって、寄付もあって、恵まれすぎてるよ。だから、行政に文句を言うのは筋違いなんだよね。

ただ、ケースバイケースってこともある。

例えば、公園なんかにホームレスが住むのはよくないよね。そのせいで、公園としての機能を果たせなくなってしまうわけだから。でも、河川敷にブルーシート張って暮らすくらいは見逃してくれよって思う。それを言ったらさ、ホームレスになった事情も人それぞれで、簡単に自業自得とは言えないケースもあるんだから。少なくとも、俺は自業自得だけど。

いずれにせよ、自分たちが置かれた環境に文句を言っちゃいけない。
逆に、外から文句を言われないようにするためにも、ホームレスもホームレスなりに責任を持って行動しなきゃいけないんだよ。自分の不用意な行動が、他のホームレスにも迷惑をかけることになるからさ。

ホームレスって一匹狼みたいなイメージがあるかもしれないけど、そういう意味では、意外と集団行動的なマインドで生きている。1人ひとりは孤立してるけど、地下通路のホームレスっていう「集団」をいつも意識して動いてるんだよな。

詮索しない、ケンカをしないっていうのはどうにかなるけど、立ちションしないっていうのは、生理現象だから結構悩ましい。
とはいえ、地下通路で立ちションしたら、一発で出禁だね。だから俺、いつ何時も困らないように、周辺の公衆トイレマップは完璧に頭に入ってるよ。

日常的に繰り返される「放火と暴行」

集団でいることは、身を守るって意味でもかなり重要になる。ホームレスやってると、やっぱり危険なこともあるよ。通行人に段ボール蹴飛ばされたり、水かけられたり、火のついたタバコを投げ込まれたり。

昔、ホームレス狩りみたいなことが流行ったときもあったじゃん。ああいうのって1人だとターゲットになりやすいから、ホームレスもなるべく集団でいた方がいいんだよね。自分が不在のときに段ボールに火をつけられても、周りに誰かがいれば、気づいて消してくれるしね。


怖かったんでよく覚えてるのが、俺がユーチューバーになってから「ファンです」って言って会いに来たヤツのこと。

ユーチューバーになってから、ありがたいことに、いろんな人が来て励ましの声をかけてくれるようになった。

　でも、たまに変なヤツもいてさ。

　そいつは若いあんちゃんだったんだけど、「ファンです、いつも観てます」って声をかけてきたの。で、いろいろと世間話をしてたら、「どこか飲みに行きませんか？」って誘われた。俺、次の日に撮影があって朝早かったから、丁重にお断りしたんだよ。そしたら態度がガラッと変わって、「テメエ、舐めんじゃねえぞ！」って怒鳴り出したわけ。

　俺、あまりの態度の変わりようにびっくりしちゃって。要するに、お前ごときが断るんじゃねえぞってことだよね。

　今にも殴ってきそうだったからさ、もう速攻で逃げたよ。背を向けるのも怖いから、後ずさりしながら早歩きで距離を取って。でもそいつ、恐ろしいことに追いかけてくるんだよね。

　俺は必死で、周りの人に「この人おかしいです！　助けてください！」って叫びながら逃げてさ。「うるせえコラ！」って追いかけてくるもんだから、うまいこと交番に誘導して、お巡りさんに助けてもらった。あんときはホントに、殺されるかと思った。

その後しばらくして、俺の段ボールハウスが燃やされるっていう事件が起きた。ちょうど俺が散歩していて不在のときに、誰かが火をつけたらしいんだよ。運良くホームレス仲間が気づいて消してくれたんで、ちょっと焦げたくらいですんだけど。

この事件があって、俺は地下通路を離れる決断をした。自分の身の危険もあるし、他のホームレスにも迷惑をかけてしまうから。

こういう嫌がらせを受けるのは、もちろん、俺がユーチューバーとして有名になったからっていうのがあるよ。全国からいろんな人が会いに来るけど、なかには俺のことを気に喰わない人もいるんだろう。

でもそれとは関係なく、ホームレスってだけで、ただただ気に喰わないから攻撃してくる人もいる。

俺は経験ないけど、「家賃も払わねえのに、勝手にここに寝泊まりするんじゃねえよ」って怒鳴られたホームレスもいるし。さっき言ったように、知らない人に突然、水をかけられたり蹴飛ばされたりさ。

ホームレスが気に喰わない。

そういうのって、俺はまあ、普通の感情だと思うよ。攻撃してくる人はほんのひと握りで、大体の人は見て見ぬフリをしてくれてるけど、心のどこかで似たような気持ちはあるんじゃないかな。気に喰わないとまではいかないけど、結局、ホームレスは底辺だから、見下す気持ちがあるのは当たり前のことなんじゃない?

俺の場合はさらに、たまたま運良くYouTubeで成功した。底辺が人並みになったっていうある種のサクセスストーリーに対して「よかったね」って言ってくれる人もいるけど、「生意気だ」って感じる人もいるわけでしょ。そのなかのごく一部の人が、実際に攻撃してくるわけなんだけどさ。

人間は、100人いれば100人とも考えが違う。俺はそれを理解しているつもりでいるから、攻撃を受けたら悲しいけど、一方で「まあ、そんなもんだよな」って受け流す努力をする。

って言っても、俺、結構メンタル弱いから、YouTubeのコメントを見て死にたくなるときが今でもあるけどね。

孤独ではないけれど時々涙を流す

よく、ホームレスをやってて「孤独だ」とか「寂しい」とか感じないですか？って聞かれる。

感じないよ。

俺はもともと集団生活が嫌いでドロップアウトしたようなもんだったし、ホームレスになる前から家族とも絶縁状態だったから。

でもたまに、昔を思い出して涙が出てくることはある。

寝るときにさ、ふと、ある光景を思い出すんだよ。昔、ギャンブルで負けて一文無しになって、海に行ったことがあった。そのときに見た光景。夕方でさ。オレンジ色の空の下を、1隻の船がゆっくりと横切る。その船と夕日が重なり合って、静かに水面が揺れたときの、あの一瞬。理屈抜きに美しい光景だった。

それを思い出すと、涙が出てくる。

なんでだろうね。よくわからない。あの光景が脳裏に浮かんだとき、懐かしいような、寂しいような、不思議な感覚にとらわれる。

この気持ちを上手く説明できないけど、これが一種の孤独っていうものなら、そうかもしれない。

あの光景が、俺にとっての孤独の象徴なんだろう。

COLUMN 3

ディレクター・ヒヤマの撮影裏話③

「ホームレスと付き合って考えたこと」

「老害」と言われる人より全然優しい

僕は北海道出身なんですが、基本的に、寒地である北海道にはホームレスがいません。だから、上京して初めてホームレスの人を見たときは、「汚い」とか「かわいそう」ではなく、純粋にびっくりしました。素直に表現すれば、「路上でも生活できるんだ、すげえな！」という感じです。北海道で路上で生活したら、寒くて死んじゃうんで。

おそらく都会に住んでいる人に比べると、僕の目には、ホームレスの人たちはより珍しいものとして映っていたと思います。初めて関内の地下通路を訪れたときのことは、今でも忘れません。

正直、めちゃくちゃ怖かったです。

狭い地下通路に段ボールハウスが連なる光景は、ナムさんも言う通り、異様そのものでした。たまたまナムさんが手前の方にいたので、そこでやりとりが完結しましたが、通路の奥の方には行けなかったと思います。

関内エリアに住んでいる人々が、いつもここを普通に歩いているということが、自分にとっては衝撃でした。

そんな僕でしたが、ナムさんを通じて多くのホームレスの人々と関わることで、彼らに対するイメージはガラリと変わりました。

まず、みんな例外なく、とても優しい。

僕が撮影でお邪魔すると必ず声をかけてくれて、差し入れをくれるんですよね。本来は僕の方が差し入れした方がいい立場なのに、「炊き出しの余りものだけど食べる?」「喉渇いてない? ジュースあるよ」などと、気前よくいろいろなものをくれる。

チャンネルの登録者数が増えてからは、ナムさんが地下通路に不在のときに、ファンの方が訪れることが多々ありました。そういうときに、「今日はナムさんいないよ」と対応をしてくれました。

個人的には、昨今では「老害」と叩(たた)かれがちな一般の年配層より、ホームレスの人たちの方がよほど寛大な心を持っている印象を受けました。

優しいけどキレるときはキレる

一方で、キレるポイントがよくわからないという得体の知れない恐ろしさもありました。

ナムさんと知り合ってからは地下通路に通い詰める日々でしたが、ケンカを目撃したのは一度や二度ではありません。「俺のおにぎりを盗んだだろう」とか「俺の段ボールを勝手に使うな」（地下通路には段ボールが無造作に置いてあるのですが、それぞれの段ボールにはちゃんと所有権があって、勝手に使うと怒られるらしい）とか、細々したことでめちゃくちゃ揉めるんです。

僕も何度か、「撮影する声がうるせえ」という理由で怒られたことがあります。そういうときは「すみません」と謝って退散するのですが、撮影前には当然、他のホームレスの人たちには許可を取って、心ばかりの差し入れをしています。そのときには「いいよいいよ」とニコニコしていた人が、急に「うるせえ！」と段ボールハウスを壊すくらいの勢いでブチ切れるので、感情の移り変わりの激しさに面食らった覚えがあります。

地下通路でケンカが起きると、困ったことに、ナムさんは必ず止めに入ろうとします。

本編にもあるように、ナムさんは地下通路のルールの1つに「ケンカをしない」を掲げているので、真っ先に仲裁に入るんですよね。本人が平和主義者なので、単純に揉め事が嫌いなのもあると思います。

ただ、ナムさんも、言うて70近いガリガリのおじいちゃんです。ケガでもされたら困るので、ケンカを止めようとするナムさんを、さらに止めるのが僕の役目でした。

地下通路でケンカが起きると、決まって誰かが警察を呼びます。揉める↓通報↓お巡りさんによる説教、というのがお決まりの流れです。ケンカを横目に、仲裁に入ろうとするナムさんを必死に止めながら、お巡りさんの到着を待つ。地下通路ではそんな夜を、幾度となく過ごしました。

空き缶拾いはコスパが悪いからやらない

イメージがガラリと変わったのは、彼らのライフスタイルに関しても同様です。

地下通路に通うようになってまず驚いたのが、3人に1人くらいの割合で、ホームレスの人がスマホを持っているということ。初めて地下通路の奥の方まで足を踏み入れたとき、ホームレスの皆さんがTVer（ティーバー）を観て盛り上がっていたのが衝撃でした。今や現代人に欠かせないスマホは、彼らにとっても、暇つぶしに欠かせないアイテムなのです。

ただし、毎月料金をきちんと払えている人は少ないので、彼らの多くはナムさんのように、無料のWi-Fiスポットでしかネットを見ることができません。

食べ物や衣類に関しても、極端な不足はないように思います。

ナムさんに「飯行く？」と聞いても「弁当で腹いっぱいだからいらない」と断られることがほとんど。飲み物も「ボランティアの人がくれるから大丈夫」と拒否、カイロもマスクも、多くの生活必需品がボランティアの人によって賄われており、必要最低限の暮らしはできているんですよね。

僕のなかで、ホームレスと言えば空き缶を拾ったり、ゴミ箱を漁ったりしているイメージがありました。でも、関内では空き缶を拾うホームレスの人を見たことがない。ゴミ箱を漁る人もいない。それをナムさんに聞くと、「空き缶は、10個拾って0・1円なんだよ。コスパ悪くて誰もやる人いないよ」とのこと。食べ物は黙っていても手に入るから、わざわざゴミ箱を漁る必要もないのだそうです。

もちろん、エリアによって違いはあると思います。でも、関内に限って言えば、そこに住むホームレスの人々の生活は、僕の想像よりずっと快適なものでした。

人はいつホームレスになるかわからない

ホームレスの人たちと話していると、「なんでホームレスになっちゃったんだろう?」と感じる人が大半です。絶対に自分の方が寒いのに「カイロ持っときな」と分けてくれたり、いつも段ボールハウスをきちんと整理整頓して、地下通路ながらも真っ当な暮らしを心がけていたり。想像よりもずっと優しくて、しっかりしている。一般社会でも普通に生きていけそうなのに、一体なぜ、と思わずにはいられません。

ナムさんは、「ホームレスになったのは自業自得だ」と言います。
けれど当然、なかにはそうじゃない人もいて。

例えば、ナムさんと仲のいいユイさんというホームレスは、事故でケガを負って働けなくなり、路上生活を余儀なくされてしまった人です。彼は現役時代に年金をしっかり納めていたので、ホームレスでありながら年金受給者であり、携帯料金も彼自身の口座からきちんと毎月引き落とされています。つまり、スマホにいつでも電波があるということです。

ユイさんの段ボールハウスはいつもキレイに整頓されていて、読書家らしく、本がいっぱい置いてあります。ご本人の物腰もいつも丁寧で、上品な雰囲気すら漂います。現役の頃は半導体関係の会社に勤めていたそうで、それなりにエリートだったんじゃないかと想像しています。

そういう人でも、何かの拍子にホームレスになってしまう。
そして、一度ホームレスになってしまうと、そこから抜け出すのはなかなか難しい現実があります。

体力はあるのに、まだまだ働けるのに、「指が曲がっているから」「住所がないから」「ケガしているから」という理由で、さまざまな企業から弾かれる。地下通路のホームレスの人々と関わっていくうちに、こうした現状のハードルの高さを思い知ることになりました。

1年ほど前のこと。

ナムさんの動画がきっかけで、1人のホームレスの人の再就職が決まりました。視聴者の方が経営する会社で働いてみないか、というありがたいお誘いをいただいて、それが実現したのです。

その他にも、ナムさんのチャンネルをきっかけに社会復帰を果たしたホームレスの人たちが、実は結構いて。誰かの人生が変わるきっかけに携われたことに、「このチャンネルを続けてよかったなぁ」と素直に思えたのでした。

CHAPTER

4

▼

ホームレスが大富豪になるまで。

人生を変えたヒヤマさんとの出会い

その男は、ある日フラッと現れた。

やたらでかい図体に、もじゃもじゃの頭。ヒゲ面なのに、リュックにはキャラクターもののキーホルダーがたくさんついている。

黒ブチメガネの奥に光る、怪しい目つき……。

俺は直感的に、「いちゃもんつけられる」と思って身構えた。


ところが、そいつの第一声は予想もしないものだった。

「YouTubeって知ってます？」

これが、俺とヒヤマさんとの出会い。俺が66歳、彼は26歳だった。


ヒヤマさんは、自身をYouTubeの動画をつくる会社のディレクターだと名乗った。
もともとは地下通路にいた別のホームレスのチャンネルをつくる予定だったが、そいつが直前にいなくなっちゃったらしい。それで、代わりに出てくれるホームレスを探していたところ、俺が目について声をかけてみたのだと言う。

YouTubeはもちろん知っていたし、ドヤ街時代から毎日お世話になっていた。今、ホームレスでも、大体3人に1人はスマホを持ってる時代だからね。俺らにとって、スマホは暇つぶしに欠かせない大切なアイテム。俺はもっぱら、スロットゲームがお気に入りだね。もちろん無課金のやつね。

でも実際に、自分がYouTubeに出てみないかと言われたときは驚いたね。よく考えるなって感心したけど、そんなの興味ある人がいるのか？っていう疑いの気持ちの方が強かった。俺なんか観て楽しいの？って。この本に対しても同じ気持ちだよ。俺なんかが本を出していいの？って今でも思ってる。実際、読んでて楽しいですか？

当然、ネットに顔を晒すことについてのリスクも頭をよぎる。お話しした通り、各地で恨みを買っている俺だから、動画を観た誰かが捕まえに来るかもしれないでしょ。その恐怖はあったし、今でもある。だから動画でもこの本でも、話せないことがたくさんあるんだよな。


でも結局、俺が出した答えは「出ます」だった。

ごちゃごちゃ考えないで、新しいことに挑戦してみようっていう素直な判断。逆にここで挑戦しなかったら、俺は近い未来に、この地下通路で孤独死する選択肢しか残されていなかったから。


思い起こせば、いつも思いつきで生きてきた人生だった。

それなら「糸の切れた風船」らしく、最後も流れに身を任せて生きてみようって思ったんだよね。

2022年5月のことだった。

牛丼を食べるだけの動画が70万回再生

そういうわけで、俺がユーチューバーとして初めて撮影した動画が、『駅前のホームレスが「5年振りの牛丼」を食べた時の反応が衝撃だった…』っていうやつ。ヒヤマさんとの出会いの動画が1発目だから、チャンネルとしては、正確には2発目の動画になるのかな。

なんで牛丼食おうってなったんだっけ。

確かヒヤマさんが、ユーチューバーデビューの記念で奢りますみたいな話だったと思う。チェーン店の牛丼なんて普段食えないから、俺からしてみたら大事だよ。でもさ、普通の人が、じじいが牛丼食ってるの観て面白いのか？っていう感じだよね。本当にただ普通に食って、ヒヤマさんと雑談するだけの動画だったから。

緊張は全くしなかったね。それは今も変わらない。ヒカキンさんとコラボさせてもらったときも、全然緊張しなかったもん。俺の人生、それ以上の修羅場の連続だったから（笑）。

動画に初めてコメントがついたときは、めちゃくちゃ嬉しかった。俺なんかでも通用するんだなって思ったね。「応援してます」とか「面白かった」とか、「歯がないのが気になる」とかさ（笑）。動画がアップされたその日から、スマホでコメントや登録者数を毎日チェックするようになったよ。それをやっていれば、1日があっという間に過ぎた。

そういう意味では、ユーチューバーという肩書きは、俺にとってはいい暇つぶしだったのかもしれない。

大体週に3回くらい、思いついた企画で撮影をする。

・段ボールハウスを紹介する動画
・ホームレスのナイトルーティーンの密着動画
・激辛焼きそばを食べてみた

・久しぶりに日本酒を飲んでみた

などなど。別に台本があるわけじゃないから、「今日はこんなことやってみようか」みたいな適当なノリで、カメラを回すだけ。

俺は自然体のまま、思ったことを口にすればいいだけだったし、それで視聴者の人も喜んでくれる。ユーチューバーって簡単な仕事だなと思ったよ。最初のうちはね。

ホームレスもユーチューバーも本質は同じ

一番最初に動画を投稿したとき、「100回再生されたら、美味い焼肉を奢ってもらう」っていう目標をヒヤマさんと立ててたの。そしたらさ、100回なんかあっという間にクリアしちゃってさ。

それどころじゃないよ。初投稿から1週間くらいで登録者数が1000人を突破して、1カ月経った頃には1万人を超えてた。さらに2カ月後には10万人、その2週間後には20万人を超えてしまった。

ヒヤマさんが騒いでるから「これってそんなにスゴいことなの？」って聞いたら、「伸び率で言うと、ヒカキンさんよりスゴいよ！」と興奮した様子で言う。ヒカキンさんってYouTubeの神様でしょ？　さすがに俺も知ってる名前だったから、テンション上がったよ。

でも確かにすごかったと思う。ヒヤマさんとちょっとご飯食べている間に、登録者数が１０００人も２０００人も増えているような勢いだったから。ましてや1週間に10万人も増えるなんて、神業に近いことだよね。今だからこそわかることだけどさ。

そこからさらに登録者数は増え、動画再生数も伸びて、俺のチャンネルの知名度もグングン上がっていった。

印象的だった動画はいくつもあるけど、決定的だったのは、かなり初期に撮影した『【衝撃】66歳ホームレスが久しぶりに表参道の美容室で髪を切ったら衝撃のビフォーアフターになった…』という動画。これが初めて100万回再生を突破して、かなりの反響をいただいたのを覚えてる。

それからやっぱり、ヒカキンさんとコラボさせてもらった動画(『【奇跡】66歳ホームレスがヒカキンさんと高級寿司を貸し切って大量に食べた結果感動が止まらなかった…』)かな。再生数はもちろんだけど、ヒカキンさんとコラボするのは夢だったから、それが叶って心から嬉しかった。

そして2023年1月。登録者数が40万人を突破した。チャンネル開設わずか8カ月の偉業だった。

不思議だよね。つい8カ月前までは、世間から見て見ぬフリをされている地下通路のホームレスだった。

そこにユーチューバーっていう肩書きが加わって、40万人もの人に、一挙一動を注目されるようになったんだから。

でも俺、登録者数が100人のときも、40万人になった今も、気持ちは何も変わらないよ。もっと言うと、ただのホームレスだった頃から、俺のなかでは何も変わらない。

ホームレスって空気のように扱われているけど、実際は違うんだよ。常に人の視界に入っているし、好奇の目を向けられることもあるし、施しも批判も受ける。ユーチューバーも同じで、多くの人に自分を晒しながら、視聴者の人の応援を受けたり、ときに誹謗中傷をされるわけでしょ。

つまり、ホームレスもユーチューバーも、本質的には一緒なの。それが、俺がユーチューバーになって感じたこと。

だから、登録者数が何人いても、俺自身のマインドは変わらない。もちろん、ユーチューバーにならないとできなかった貴重な経験をたくさんさせてもらって、ヒヤマさんや視聴者の皆さんには感謝しきれないよ。

だけど、何て言うかな。ホームレスだった頃の軸はブレないまま。逆にそれが、意外と大切なことなんじゃないかとも思うんだ。

ここはもう俺がいるべき場所じゃない

ユーチューバーになって1年ほど経った頃、俺はアパートを借りて、地下通路を出ることにした。

理由はいろいろある。まず、YouTubeで稼いだお金が貯まってきたから、そろそろ路上生活を卒業しようっていうのがあった。本当はもっと早いタイミングでアパートを借りる予定だったんだけど、役所の手続き関係が思ったより大変で、かなり時間がかかっちゃったの。

さらに決定的だったのは、さっきも話したけど、段ボールハウスに火をつけられたこと。俺のホームである地下通路が、もはや安全な場所ではなくなってしまった。俺がいることで、俺だけじゃなく他のホームレスも危険に晒すことになってしまったら、それが一番最悪だからさ。

地下通路には、複雑な気持ちがあるよ。
正直に言うと、決して好きな場所とは言えない。冬は寒いし、夏は暑いし、臭いし、常に電車の音がうるさい。まあ、ホームレスが暮らす空間としてはかなり上位クラスだと思うけど、やっぱり普通に家に寝泊まりした方がいいじゃん。あと、ケンカね。たまに起こる揉め事も煩わしいし、酔っ払った通行人に野次飛ばされるのも気分のいいもんじゃないから。

だから、地下通路を去るときは、どちらかというと清々した気分だった。多くの人との出会いがあって、奇跡のようなことがたくさん起きて、ここで人生が180度変わったわけだけど、もう俺がいるべき場所でもない気がして。
感慨深さはあったけど、この場所はいわば、俺にとってのファーストステップだね。ホップ、ステップ、ジャンプって言うじゃん。ホップが地下通路なら、ステップは次のアパート。ジャンプについては、この章の最後に話そう。

一方で、関内に来ると、何とも言えない安心感がある。

アパートに移り住んだ後も、俺は関内に定期的に足を運んでいる。動画撮影やそれに付随するいろいろな仕事だったり（この本の制作でも関内を訪れた）、あとは地下通路に来てくれるファンの方に会いに行ったり。

よく散歩した大通り公園、お世話になったWi-Fiスポットや公衆トイレをぶらぶら散歩すると、地下通路に住んでいた頃を思い出して懐かしくなる。関内にいれば必ず誰かが声をかけてくれるし、飲み過ぎて終電を逃しても、地下通路に寝ればいいやっていう気楽さもある。

地下通路は、煩わしいけど安心できる場所。それってもしかしたら、「実家」のイメージに近いのかな。俺、売っちゃったからその辺の感覚がわからないんだけど、多分そういう存在なんだと思うね。

ユーチューバーになれば人生は幸せか

ユーチューバーになって生活はラクになった。

アパートに移り住んだら、そこは楽園。天井と壁があって、風呂とトイレがあって、自分だけの快適な居住空間で寝られる。毎日適当な時間に起きて、簡単な食事をつくって、好きなことをやりながら時間を過ごせる。週1回くらい撮影をしてお金をもらえる。

しいて難点を挙げるなら、運動不足になったことかな。地下通路に住んでた頃は散歩が日課で、毎日めちゃくちゃ歩いてたから。今、それがなくなっちゃったから、この前、万歩計を買ったんだよ。ウォーキング始めようと思って。


いずれにせよ、地下通路を脱した今、確かに生活はラクになった。

でも、「幸せか?」って言われたら、正直よくわからない。


世の中、結婚している人がみんな幸せなわけじゃない。会社のエラい人だって、お金持ちの人だって、不幸な人はいる。

「幸せ」って何なんだろう。

人によって違うよね。キレイごとじゃなくて、ホントにそう思うんだよ。

客観的に見たら、ホームレスからユーチューバーになった今の生活は幸せだし、人はこうやって幸せになっていくんだろうなっていう感覚はある。

でも一方で、俺は常に、地平線みたいな真っすぐな線の上に立っている気分でいる。ユーチューバーとして成功することが天国への階段を上っているのか、地獄への階段を下っているのか、それは未だにわからない。

幸せって誰かと比べるものじゃないし、結局死ぬときにしかわからないんじゃない？ 俺の人生、幸せだったなぁって。


唯一「幸せ」を実感するのは、視聴者からのコメントを見たとき。「元気もらってます」とか「子どもと楽しく観てます」とかそういうコメントを読むと、胸が熱くなる。このときだけは、ユーチューバーになってよかったと心から思える。

ここまで読んでくれた人ならわかると思うけど、俺って、誰かの人生に深く関わったことがないでしょ。俺の人生の主役は常に俺。それは今も変わらないけど、俺の言葉で勇気づけられたって言ってくれる人がいたり、動画を通じて再就職できたホームレスがいたりして、少なからず、誰かの人生の役に立てたなって感じる瞬間ができた。

思い起こせば、誰かに感謝なんてされたことない人生だったからさ。他人と深く付き合ってこなかったから、誰かに必要とされるっていう経験もなかったわけ。

だから俺にとって、自分の存在が誰かの救いになっていると思えたことが、ユーチューバーになったことの一番の価値かな。

段ボールハウスでの自殺未遂事件

甘えたことを言うようだけど、ユーチューバーになって、辛いと思ったこともたくさんあるよ。俺、こう見えて、豆腐メンタルだからさ。

一番辛いのは、アンチからの辛辣なコメントを目にしたとき。「働けジジイ」

とか「調子乗んな」とかさ。そういうの見ると、俺、泣いちゃうんだよ。辛くて。そんで「死にたい」って思う。

一時期、「ラクに死ねる方法」でめちゃくちゃ検索してたよ。青酸カリとか首吊りとかは、失敗する可能性も高いし苦しいらしいね。やっぱり飛び降りかなって思って、神奈川県の自殺の名所を調べたり。あと、フグの毒って結構いい感じに死ねるらしい。美味いもの食べながら死ねたらいいよね。

自殺未遂は過去に3回くらいしたことがあるんだけど、そのうち1回は、ユーチューバーになってから。

具体的な理由は忘れちゃった。ただもう、YouTubeはダメだ、やっていけないと思ったんだよね。気持ちが限界だった。

で、包丁とロープを用意して。段ボールハウスに上向きにした包丁を固定して、確実に死ねる自殺装置をつくった。紐(ひも)さえ引けば必ず心臓に刺さって、一発でいけるやつだよ。

いざやるっていう前にさ、ヒヤマさんにLINEしたの。「死にます」って。

そしたら、ヒヤマさんがタクシーで駆けつけてくれて。でも、彼が到着した頃には、なんかもう自殺熱が冷めててさ（笑）。来てくれてありがとうって感じだったね。


自殺はよくないことだけど、俺はさ、あえて否定はしないよ。

人生どん詰まりになって、「もうどこにも行けない」って思うときもあるから。死が救いになる人もいるから、絶対にダメとは言えない。

でも自殺って、その多くが突発的なものなんだよ。会社でミスしたとか、恋人にフラれたとか、ちょっとしたきっかけで「死のう」ってなっちゃう。それはもったいないよね。だって俺を見てよ。少し前まで終わってるホームレスだったのに、今はいっぱしのユーチューバーになって、本まで出しちゃってる（笑）。


人生って、何が起こるか本当にわからない。

だから、もしあなたが「死にたい」と思っているなら、もっと気楽に生きてみたらいいと思うよ。少しでも生きてみたら、びっくりするようなことが起こる可能性が絶対にあるから。

仮にそういうことが起きなかったとしてもさ、たかが人生。

みんないつかは絶対死ぬんだから、それが今日じゃなくてもいいじゃんって思うんだ。

一匹狼が「人の縁」の大切さに気づく

ユーチューバーになって一番強く感じたのは、人との縁の大切さだね。

ヒヤマさんとの出会いがあって、俺の人生が大きく変わった。アパートに住めるようになったし、今動いてる古民家のプロジェクトも、いろいろな人たちとのつながりがあったからだよ。

たくさんのファンとのつながりもできた。実際に地下通路まで会いに来てくれる人もいて、彼らと写真を撮ったり、居酒屋で語らったりした時間は宝物だよ。

それを楽しんでくれたファンが、「ナムさんと会って面白かったよ」って誰かに伝えることで、「じゃあ私も会いに行ってみよう」ってなって、またつながりができていく。小さな輪がゆっくりと広がっていくのを感じてる。

人との縁には責任が伴う。

俺は今、ユーチューバーとして生きてて、たくさんのファンの人の期待を背負ってる。だから、稼いだお金でギャンブルしたいと思わないし、古民家プロジェクトを通して、いろいろな人に還元しなきゃいけないっていう使命があるんだよね。

それはヒヤマさんをはじめ、YouTubeチャンネルを一緒につくってる人たちに対しても同じこと。俺が「もうイヤだ」って思っても、これまで一緒に頑張ってきた彼らの顔を思い出すと、1人だけ投げ出すのはやっぱり悪いなぁって気持ちにもなるわけよ。まあ、ホントに辞めたくなったら関係なく辞めるけどさ（笑）。

俺、これまで、基本的に一人行動してきたじゃない。

誰かとつるむのも嫌いだったし、トラブルを起こしたら、その場所から逃げることで解決してた。借金をつくったまま飛ぶこともしょっちゅうだった。

でも今、それができなくなった。

いろいろな人とのつながりができた以上、トラブルがあっても逃げられない。責任っていう意味でもそうだけど、何よりYouTubeで面が割れてるからね(笑)。悪いことできないじゃん。

だから、何があっても向き合うしかない。

それはある種の「縛り」かもしれないけど、俺は今、この「縛り」に心地よさを感じているんだよね。

この縁を築いてくれた視聴者の皆さん、ヒヤマさんをはじめとするいろんなスタッフの人々に、あらためて感謝の気持ちでいっぱいです。

68歳の新たな目標「ナム村」とは

2024年7月。

俺は今、山梨のデカい古民家に1人で住んでいる。これは、チャンネルきっての一大企画「ナム村プロジェクト」の序章なのである。

今年の初め、俺は大きな目標を立てた。

どこか田舎に大きな古民家を借りて、みんなで暮らしたい。

ホームレスの仲間、障がいがある人、母子・父子家庭の人、家族がいない人。何か困っていたり、世の中に生き辛さを感じていたりして、でも「前に進みたい」と思っている人。そういう人を集めて、みんなで楽しく暮らしたい！

それが、「ナム村プロジェクト」だ。

これは、大分前から俺のなかで温めていたプロジェクトだった。

これまでいろいろな人に支えてもらって生きてきた俺としては、そろそろこういうことをしてもいいんじゃないかって感じてきてさ。ヒヤマさんとずっと古民家を探してて、ようやく、山梨にいい物件が見つかったんだよ。

いやぁ、あらためて、スゴいことだよね。少し前まで住む場所もなかったホームレスが、還暦をとうに過ぎた白髪のおやじが、古民家を買っちゃうんだからさ。

で、この古民家が、本当に最高なのよ。

まず、2階建てでとにかく広いの。10人くらいは余裕で住めるんじゃないかな。部屋もたくさんあって、掘りごたつなんかもある。最近、いい感じの縁側をつくったから、そこでのんびり日向(ひなた)ぼっこもできるよ。

古民家のテーマは「大人の社交場」。

卓球やバーベキューやサウナができるスペースをつくって、みんな思い思いに楽しんでほしい。家庭菜園もやる。今、実験的にいろいろな野菜の苗を植え

田んぼに囲まれた場所にある、ナムさんの新居「ナム村」。

改修前のため2階の床はくずれていて、その隙間から1階が見える。

ナム村の縁側。ここで日向ぼっこをするのが日常。

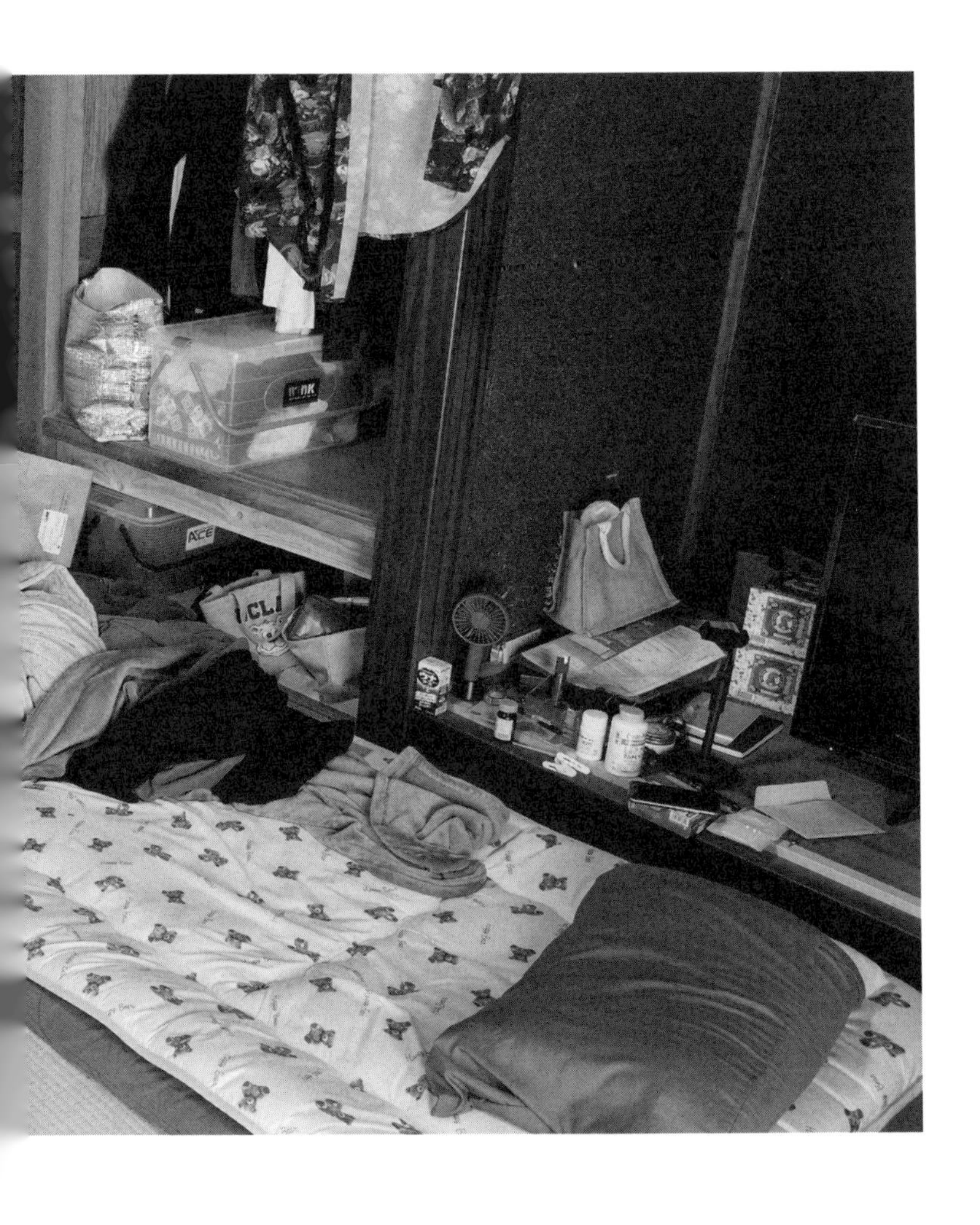

ナムさんの部屋。ここで酒を飲んだり、YouTubeを観たりする。

てみてるんだけどさ。ここで採れた野菜を使ってみんなで自炊して、食卓をワイワイ囲んだら楽しいだろうな。

これはさ、俺が死んだ後も、チャンネルと共にナム村を継続させて、困っている人がいつでも訪れられるようにする目的もあるんだよ。言ってみれば、持続可能なコミュニティスペースへの取り組みだよね。俺が死んだ後も俺の遺志が引き継がれて、みんなが笑顔で過ごせる場所が存在し続けるって、なんかいいじゃん。

今は、大工さんたちと協力しながら、汚ねえ古民家を改装中。昼は賑(にぎ)やかでいいんだけど、こんなバカでかい家に一人ぼっちだから、夜は関内がちょっと恋しくなるかな（笑）。
でもまあ、忙しいよ。この古民家を舞台に、あれもやりたい、これもやりたいっていうアイデアがたくさん出てきて、毎日頭がパンクしそう。
早く完成させて、みんなを招待したいな。

COLUMN 4

ディレクター・ヒヤマの撮影裏話④

「社会復帰としてのYouTube」

ホームレスのYouTubeを始めた理由

なぜ、ホームレスをユーチューバーにしたYouTubeチャンネルをつくろうと思ったのか。せっかくなので、ここではその経緯について簡単にお話ししたいと思います。

発案したのは、僕が所属している制作会社「こす．くま」の社長である、「たけち」と「すのはら」という2人の男です。僕と同い年で、今年29歳のバリバリのゆとり世代です。

実は、「ホームレスの人にユーチューバーになってもらう」というアイデア自体は、2人が21歳のときに思いついたものだったそうです。そのコンセプトは、新しい社会復帰の形としてのユーチューバー。エンタメであると同時に、ホームレスと制作側が協力し合って継続的に活動していくという、全く新しい働き方の提案でした。

ホームレスの人を取り上げた動画は当時からたくさんありましたが、いずれも単発的なものばかり。ホームレスにインタビューをする、おにぎりをあげるといった内容のものが多く、直接的な支援にはつながりづらい状況でした。

そこで僕たちが目指したのが、ホームレス自身がユーチューバーとして継続的な活動をして、収益を得て社会復帰を目指すこと。ある種、実験的な試みですが、まだ誰もやったことのないジャンルではあったので、話題になるだろうという期待もありました。

動画のエンディングにも毎回テロップで入れていますが、チャンネルを運営していくうえで発生した収益は、演者であるホームレスの人に渡すことにしました。

ぶっちゃけた話、僕、これを本当にやると思わなかったんです。

だって当然、動画をつくるのにもお金がかかります。収益を会社がもらわなかったら、再生回数100万回いったとしても、儲けゼロどころか大赤字なんですよ。

でも、初投稿から2年経った今でも、チャンネル運営で発生した収益はナムさんのお給料になってます。本当に謎ですが、それでも会社は何とか回ってます（笑）。むしろチャンネルが継続できたのは、たけちとすのはらの2人の金銭欲が極端に薄いからかもしれません。

ナムさんほどYouTubeに適した人はいない

実は最初は、ナムさんではなく、別のホームレスの方に出演してもらう予定だったんです。彼も関内の地下通路に住んでいる方でした。

ユーチューバーになれるホームレスの人を探すのって、意外と難しくて。まず、ネットに顔を出したくない人が大半だし、それをクリアしても、コミュニケーションを取れるか、信頼関係が築けそうかといったさまざまなハードルがあります。

ほうぼうを探し回って、たけちとすのはらがようやく見つけてきたのが、地下通路に住むその人でした。で、いよいよ明日から撮影がスタートするというタイミングで、まさかの行方不明になっちゃったんですよね。


飛ばれた？

ウソでしょ？


と呆然(ぼうぜん)としていたら、後ろから、「その人なら、昨日出ていっちゃったよ」と声をかけてきた人がいた。彼こそ後のホームレスユーチューバー、ナムさんその人だったのです。

ナムさんと軽く立ち話をして別れた後に、たけち、すのはら、僕で話し合い、「ナムさん、よくない？」という意見で一致しました。これにはいくつかの理由があります。

まず、コミュニケーションがしっかり取れること。そして、見た目にある程度の清潔感があること。

後になってわかったことなんですが、変な話、ナムさんって基本無臭で、数日風呂に入らなくてもフケが出ない人なんですよ。これは体質の問題ですが、大前提として、本人がキレイ好きであることが大きかった。Tシャツも毎日替えるし、意外とおしゃれにも気を使う人だったんですよね。

さらに、ネットに理解がある。出会ったときからスマホ2台持ちで、YouTubeもよく観ていたので話が早い。

これについては、今でも感心しています。

例えば、「次の動画の企画何がいいかな？」とか「明日ポッドキャストの収録だからね」とか言っても、普通の70近いおじいちゃんなら理解できない人が大半だと思います。ところがナムさんは瞬時に理解してくれて、アイデアまで出してくれる。脳みそが柔らかいし、地頭が恐ろしくいい人なんだと思います。

さまざまなハードルを奇跡的に全てクリアしていることから「ナムさんしかいない」という結論に至り、オファーを出すことになりました。

たけち、すのはらと今もよく話すんですが、日本全国探してみても、おそらくナムさん以上にユーチューバーに向いているホームレスはいないと思っています。

演者とディレクターが対等であること

最初の頃は週に3本くらい投稿していたと思いますが、正直、個人的にはめちゃくちゃハードでした。毎回片道1時間くらいかけて関内へ行って、カメラを回し、帰って編集をする。ナムさんは体力的にまとめ撮りができないので、これを週に3回。ほとんど寝ないで作業してましたね。

動画の見せ方で気をつけていたことは、ナムさんとディレクターである僕が対等であることです。

ホームレスの人をYouTubeに出演させるのは、それだけでいろいろなリスクがあります。弱者ビジネスと誤解されないように、あくまでナムさんがやりたい企画を一緒にやっていこうというスタンスは、絶対にブレないよう意識する。いじわるな見せ方にならないよう、企画内容やテロップの見せ方には、初期は特に気を使いました。

かといって、こちらがへりくだりすぎると、今度はナムさんが調子に乗ってしまうというリスクもあります（笑）。

なので、演者とディレクターが対等であるという関係性は絶対に崩さない。厳しくするところは厳しくするし、逆に僕が失礼なディレクションをしたら、「それは違うよ」とナムさんに怒られることもありました。

あらためて、僕とナムさんって、40も歳が離れているんですよ。

この年齢差を乗り越えて対等に付き合えるというのは、僕よりむしろ、ナムさんの礼儀正しさというか、偏見のなさに驚かされるんですよね。

僕を呼ぶときは未だに「さん」付けですし（もう1人のディレクター、カワグチくんはなぜか「くん」呼びですが笑）、LINEも律儀に「お疲れ様です。今大丈夫ですか？」というひと言を必ず添えて送ってきます。撮影に遅刻してきたことは一度もないし、経費の精算も細かすぎるくらい正確に報告してきます。

40も下の僕に対して、「舐め」が一切ないんですよね。それは初期も今も、全く変わりません。


一方で、僕やディレクターのカワグチくんには、ナムさんに対して変に遠慮をしない、ある種の図太さがあります。言うてナムさんもいろいろと気難しい人なので、彼と一緒に活動するにあたっては、頭のネジが1本外れているくらいのメンタルの強さが求められることもあるんです。

初期に現れた謎のボディガード

前に、ホームレスの人はキレやすいというお話をしたと思います。

これはナムさんも例に漏れず、瞬間湯沸かし器みたいにブチ切れるときがあります。理由はさまざまですが、例えば撮影の時間が押したり、企画内容が自分のイメージと違ったりすると、突然キレてプイッとどこかに消えてしまいます。で、少し時間が経つと、熱が冷めて犬みたいに戻ってくる(笑)。この繰り返しです。

あと、信じられないくらいお金の浪費が激しい。これはさすがに、元ギャンブラーといったところでしょうか。

チャンネル運営で発生した収益はナムさんのお給料になっているとお話ししましたが、毎回全額渡してしまうと、ナムさんは数日で使い切ってしまいます。

実際に、以前ある程度まとまった額のお金を渡したら、ファンの人に高級寿司を奢りまくって、あっという間になくなってしまったことがありました。それ以降、基本的にはお金は制作側が管理して、必要に応じて数千円から数万円の範囲で現金を手渡しするようにしています。

で、そのお金のおねだりの仕方が、なんか毎回奇妙というか（笑）。

例えば、これは某日明け方4時の、ナムさんとのＬＩＮＥのやりとりです。

「明け方にゴメン、なる早でお金くれる？」

「どうしました？　緊急事態ですか？」

「一緒に飲んでたファンの人が終電逃して朝まで飲んでたんだけど、寝ちゃって財布を取られたの。家まで帰れないから、その人にお金を渡したいんだよ」

「わかりましたけど、今から関内来いってことですか？　始発出てからになっちゃいますよ」

「いや、そういうわけじゃないんだけど……。今度会うときでいいよ。２０００円くらい」

「え？　だってその人、今すぐお金が必要なんですよね？　というか、僕が行ってもどのみち始発になっちゃうので、交番で借りた方が早いですよ」
「いや、そういうことじゃなくて。もういいよ！」（キレて終了）

いやいや、絶対ただお金が欲しかっただけだろ！　とツッコミどころ満載の会話でした（笑）。

似たような話で、「謎のボディガード」というエピソードもあります。

YouTubeチャンネルを始めて2～3カ月の頃です。ナムさんに、謎のボディガードがついた時期がありました。どこからかふらりとやってきた若い男性で、動画を観てナムさんのファンになり、ボディガードをしたいと申し出てきたらしいのです。

そこから実際にボディガードとして、地下通路でナムさんの横にいたらしいのですが、奇妙なことに、僕は1回も見たことがないんです。タイミングが悪いのか、僕が地下通路に行くときは絶対にいない。

でも、ナムさんに「今日の夜は用心棒がいるから大丈夫だよ」とか言われて、謎の世界が繰り広げられてる。それでちょいちょい、「用心棒とご飯行くからお金ちょうだい」ってお金をせびられるんですよ（笑）。なにせ僕は見たことがないので、用心棒が実際にいたかどうかわからないんですけど。しばらくすると、その用心棒はいつのまにか消えていました。実在したかどうかは未だに不明です（笑）。

メンヘラ女子と彼氏のような関係

本編にもあったように、2022年5月に始まった『ホームレスが大富豪になるまで。』は、驚異的な勢いで登録者数を増やしていきました。

チャンネルをやり始めた頃、僕たちは、「2023年12月には5万人に到達する」という目標を立てていました。それも、「1万人の方が現実的じゃない？」「いや、目標は大きく持って5万人でいこう」という流れでこの数字になったので、僕たち的には5万人でも大それた目標だったんです。

ところが蓋を開けてみたら、12月の時点で40万人を突破。これは僕たちにとっても予想外の跳ね方でした。

街を歩けば、「ナムさん！」と声をかけられることも増えました。ホームである関内はもちろんのこと、原宿やディズニーランドといった若い子のフィールドでもバンバン声をかけられる。このあたりから、ナムさんも徐々に、自分がある程度有名なユーチューバーであることをリアルに実感していたと思います。

それに伴い、アンチも増えてきました。

僕は基本的に、批判コメントはあまり気にしていません。でも、ナムさんが結構気に病むタイプなんですよね。チャンネルが人気になるにつれて、ナムさんが情緒不安定になることが多くなってきました。

例えば、夜中に急に「今すぐ来てくれないと死にます」というLINEが来る。僕と社長で慌ててタクシーを飛ばして関内まで行くと、当の本人は地下通路でケロッとした顔をして「あれ、どうしたの？」とか言ってくるんです（笑）。

あるいは、突然「辞めたい」「明日の撮影に行きたくない」などと言い出す。

そのたびに、僕と社長は深夜料金のタクシーを東京から関内まで走らせて、ナムさんと話をしに会いに行かなければいけませんでした。大体の場合が、実際に会いに行くとそれで収まったり、翌日「酔っ払ってた、本当にごめんなさい」という謝罪LINEが送られてきて、一件落着です。

あとは、僕が他のホームレスの人と親しく話していると、「ナムのことはもういいんですね……」と拗ねたりすることもありました（笑）。いや、メンヘラ彼女とそれを支える彼氏かい！


でも、どんなにしんどくても、ナムさんは飛ぶことをしませんでした。

僕とケンカになっても、「もうやりたくない」とLINEで愚痴っても、地下通路に行くと、絶対にそこに座っていました。


芸能人やインフルエンサーでもない一般の人が、ユーチューバーとして2年も活動を継続するのはなかなか難しいことです。
ましてやナムさんの場合、これまでの人生を加味しても、よく逃げ出さずに付き合ってくれていると思います。僕のようなよくわからない若者にいきなり声をかけられて、カメラを回されて。時には誹謗中傷されながら、それでもユーチューバー・ナムとしての活動を諦めずに継続し続ける胆力は、僕は尊敬に値することだと思っています。

それはもちろん、年齢的なこともあります。
これは僕のよくない部分なのですが、ナムさんと撮影していると、つい70近いおじいちゃんであることを忘れてしまうんです(笑)。ナムさんがあまりにも元気で頭の回転が速いので、つい同世代くらいの感覚で撮影スケジュールを組み、振り回してしまう。

例えば、沖縄で撮影した動画があるのですが、このときも調子に乗って、「空港到着↓沖縄美ら海(ちゅらうみ)水族館へ直行↓撮影↓海で泳いでバーベキュー↓ヴィラに到着後、プールで遊ぶ」という鬼のようなスケジュールを組んでしまいました。で、組んだ後に、「ヤバい、ナムさんの体力的にもたないかも」と気づき、焦っていたんです。

でも蓋を開けてみたら、一番元気なのはナムさんでした。僕は途中で完全にばててしまったのですが、ナムさんは誰よりも騒ぎ、酒を飲み、次の日も一番早く起きて朝ご飯をつくっていました。マジでバケモンです（笑）。

もちろん基本的には、ナムさんの無理のないよう配慮しながら撮影をしています。ただ、たまにおじいちゃんであることを忘れてしまうので、そこは常に頭に置きながら行動しないといけませんね。

これからも長く健康に、ユーチューバー・ナムとしての活動をサポートしていきたいので。

CHAPTER

5

▼

「天と地」を経験した男の人生哲学

やりたいことなんて見つからない

そろそろこの本も終盤になってきた。

俺の人生については語り尽くしたから、最後の章は、俺が個人的に、日々思うことについて書いていこうと思う。


俺は今、やりたいことで溢れている。

まずは古民家を完成させたい。家のなかをキレイにして、改装して、掘りごたつとか卓球台とかを設置して、楽しい空間づくりをしたい。

庭で家庭菜園をしたい。

みんなでバーベキューしたい。

キャンプみたいなこともしたい。

それが終わったら、旅行をして世界一周したい。

若い頃に熱望していた外国の景色を一度、この目で見てみたいな。

この本を読んでいるあなたは、やりたいことがいくつありますか？

実は最近、「やりたいことが見つからない」「好きなものがわからない」という若い人の悩みが多く寄せられる。でもさ、その気持ちもすごくよくわかるんだよね。

俺が思うに、今の時代は恵まれすぎている。

俺が幼かった頃、娯楽が映画しかなかったって言ったでしょ。もう少し大人になったら酒、ギャンブル、お姉ちゃんとか。とにかく娯楽、今で言う「コンテンツ」が少なかったから、ハマれることを見つけるのがむしろ簡単だったと思うんだよね。

今はさ、面白いものなんて、世の中に溢れてるじゃん。逆につまんないものを見つける方が大変だよ。

そうなると不思議なもので、自分のなかで「これだ！」と思えるものと出会いづらくなってしまう。というより、「これだ！」って思うハードルが上がってるのかもしんないね。


大切なのはさ、まずは体を動かしてやってみること。

これがやりたい、これが好きだって、わかんなくていいんだよ。

何でもいいから1つ決めて、とにかくそれをやってみる。違うなって思ったらやめて、また別に目を向ければいいだけのこと。動いてみれば、何かしらの新しい発見や出会いが必ずあるはずだから。

「やりたいことが見つからない」って言って、その場でじっとしてるのが一番ダメ。俺なんてもうすぐ70だよ？　でも、今から古民家を改装して、「ナム村」をつくって、海外旅行まで行きたいって思ってるんだから。

とにかく身軽であれ。頭でっかちにならないこと。

人生に「意味」をつけないこと。

とりあえずやってみようって思える気楽さと、フットワークの軽さ。これが大切なんじゃないかな。

「今の積み重ね」の先に未来がある

なんかさ、日本ってずっと不景気じゃん。

ニュースで見たけど、先進国のなかで唯一、30年間給料が上がってないんだってね。まともに働いてるのがバカらしくなるわな。

そのせいか、将来が不安ですっていう人、最近やたら多い。

社会人もそうだけど、若い人もそう。いい大学出てないと不安とか、生活が見えないから結婚できないとか、子どもをつくりたくないとか。つまんなくてもいいから安定した職につきたいとかさ。


でも、ハッキリ言うよ。

将来が不安な人は、未来が見えてない人。未来が見えてないってことは、今が見えてないってことなんだよ。

未来って結局、今日の積み重ねじゃん。今目の前にあることをこなすことでしか、未来は築かれないんだよ。

将来に不安を抱えてる人って、今の生活に何か不満がある人なんだよね。まずはそこをクリアにしていくしかない。というか、人間にはそれしかできないんだから、未来を憂うのってかなり無意味な行為なんだよ。

いつも笑顔で活き活きしてる人って、今を大切にしてるんだよね。今、目の前のことを楽しむだけで、人生の幸福度はかなり上がると思う。

逃げることにも覚悟がいる

今現在、ギャンブルで借金まみれになってしまった人に何か言えるとしたら――。

うまく逃げろ。

これしかない。


コツコツ働いて返すべきって思ったあなたは、ギャンブルで身を滅ぼすヤツのマインドを知らないね。

まず、ギャンブルでバカみたいに借金があるヤツっていうのは、過去に大勝ちした成功体験を持ってるの。そういう体験があると、時給1000円とかで働くのがバカらしくて、まともに働けない体になってるんだよ。

だからもう、逃げるしかない。

逃げるのだって覚悟がいるからね。

俺みたいに人間関係を全て断ち切って、最終的にはホームレスになることもいとわないっていう覚悟があるなら、頑張って逃げましょう。責任は持てないけど。

結局、友達がいた方が人生は面白い

逃げ続ける人生って、結構しんどいのよ。

誰かに見つかるかもっていうストレスを常に抱えてなきゃいけないし、誰にも気を許せないしんどさがある。人と深く関わることがないから、俺っていう人間のことを誰も知らないわけ。それは気楽でもあるんだけど、退屈なことでもある。


結局のところ、友達って、やっぱり必要だと思う。

若い頃からずっと一匹狼で生きてきたけど、今は周りに人がたくさん集まるようになって、やっぱり楽しいもん。

そりゃ1人でも生きていけるよ。寂しいなんて思わない。

でも友達がいた方が、たまに煩わしいなって感じることも含め、人生が面白いんだよな。

友達って言ってもたくさんはいらない。本音をぶつけ合えるヤツ、「助けて」って言ったら5分で駆けつけてくれるヤツ。そういうのが1人でもいたら、人生勝ち組だよ。

俺の理想は、マンガ『花の慶次』に出てくる前田慶次と直江兼続（なおえかねつぐ）みたいな友人関係かな。まだそんな熱い男友達はいないけど、死ぬときに「あいつは俺にとっての直江だったな」って思うヤツと出会えていればいいな。

人間関係に悩むよりも自分を磨け

知り合いが多ければ多いほど、今度は人間関係で思い悩むことも増えてくる。今ってSNSとかもあるから大変だよね。昔に比べて、人とのつながりがかなり複雑になってるのを感じるよ。

職場や学校、家族やオンライン。いろいろなコミュニティで人間関係が上手くいかないって悩み、結構多く耳にする。かくいう俺も、建設関係で働いていたときは、それなりに対人の悩みもあった。
そのときに自分なりに出した結論が、結局、周囲に自分の力量を見せつけるしかないってこと。

どんなコミュニティでも、自分に与えられた役割ってあるでしょ。まずはそれを全うして、自分のスキルをどんどん高めていく。そうすることで周囲に一目置かれるようになるから、相手の懐に入っていきやすくなる。俺はそうやって、人間関係もそれなりに円滑に回していた。
加えて、努力する姿は、必ず誰かがどこかで見てくれているもんなんだよね。それが自然と、信頼を得ることにもつながっていく。

結局、他人が本当は何を考えているかなんて、永遠にわからないんだよ。「あの人は今、こんな気持ちだろう」と想像しても、まるっきり違うこともある。集団生活においては、人間関係が上手くいかないことは、ある意味では当たり前なの。

そこを修復しようと努力するよりも、まずは己を磨くこと。

そうすれば自然に人が集まってくるし、ささいな人間関係でうじうじ悩むこともなくなるんじゃないのかな。

SNSからの誘惑には乗るべからず

ホームレス時代からスマホを持ってたことはもう言ったけど、今ではSNSもよく使ってるんだよ。そのなかで思ったSNSとの上手な付き合い方はこれだね。


ネガティブなことを言うべからず。

下ネタを言うべからず。

スケベな誘いに乗るべからず。

これが俺の、SNSの3大「べからず」だね。これさえ押さえておけば間違いない。

特に最後の「スケベな誘いに乗るべからず」は要注意。「私、日本に来たばっかりで友達がいなくて……。よかったらここにアクセスして、友達になってください」みたいなメッセージと共に送られてくるリンクを、絶対に踏んだらダメ。経験者からのアドバイスだよ。

スマホを過信せず、自分の頭で考える

今は本当に便利な世の中で、わからないことがあっても、ググれば何だって教えてくれる。だからたまに、「日本に来たばっかりで……」みたいな罠があって、そこに引っかかる俺みたいなヤツが出てくるんだけどね（笑）。

要は、ネットに乗っていることが全部正しいとは限らないってこと。

今ってネットにアクセスすれば、必ず何かしらの「正解」を得ることができるでしょ。

美味しいお店選び、面白い映画、完璧なデートコース。

だからこそ「失敗できない」っていうマインドが生まれて、それで結構生き辛くなってる部分もあると思う。

調べること自体は悪いことじゃない。でも、それが「正解」かどうかは、結局自分が体験しないとわからない。これが頭に入っていないと、深みも何もない薄っぺらい人間になっちゃう。

スマホは便利だけど、ただの四角い板にすぎない。あなたが転んだって、助けてくれない。そこで手を差し伸べてくれるのは、やっぱり人間なんだよね。その優先順位を間違えちゃいけない。

もう人生から逃げず、家族と向き合う

自分がどうやって死にたいか、考えたことある？

俺は昔、死ぬんだったらド派手に死にたいと思ってた。ガスタンクにダイナマイトを仕掛けて、花火みたいにバーンと。周りの人を大勢道連れにして、できるだけたくさんの人と一緒にあの世に行きたいと思ってた。ホント、頭おかしかったよ（笑）。

今はそうだな。

よく晴れた静かな朝。陽だまりに包まれて、古民家の畳の部屋で、気づいたら死んでたっていうのが理想だな。穏やかに、ひっそりと死ねたら幸せだと思う。

以前、動画で生前葬をやらせてもらったことがあった。

知り合いの葬儀屋さんにお願いして、かなり本格的にやってもらった。会場を借りて、本物のお葬式みたいに供花もたくさん用意して、ホームレスの仲間や知り合いに参列してもらってさ。俺も死装束と死化粧をバッチリ決めて、立派な棺桶に入ったよ。あれはかなり貴重な経験だった。

このとき、あらためて「死」についてリアルに考えた。俺が死ぬとき、もう本当に最期なんだって実感したとき、何を思うんだろうってね。

それはやっぱり、オヤジとお袋に対して、酷い仕打ちをしてしまったことへの後悔だった。

俺は実家を勝手に売って、そのお金を全てギャンブルで溶かした。

家族の思い出がたくさん詰まった家を、目先の金を得るために、何の躊躇もなく売ってしまった。

そのときから今までずっと、オヤジとお袋について考えることを避けてきた。

自分がやったことを考えれば、顔を思い出すだけで辛くなるからね。

そこからずっと、逃げてきた。
謝ることはもちろん、思い出すことからも逃げ続けた。

でも、生前葬で「死」について向き合うきっかけをもらって、初めて両親のことを真剣に考えた。やっぱり後悔でめちゃくちゃ苦しくなったけど、同時にいろいろな思い出が蘇ってきてさ。
オヤジと俺だけが知っている裏山の川に、もう一度釣りに行きたい。
お袋と隣の布団で、兄貴にバレないように、こっそり手をつないで寝たい。

許されるなんて思ってない。
でも、謝ることもできない卑怯者で、本当にごめん。

オヤジはとうの昔に亡くなった。お袋は音信不通でわからないけど、１００

歳近いから、多分もうこの世にはいないだろう。

俺はもっと早く、両親に向き合うべきだったのかもしれない。でもそれは、自分1人では到底無理な話だった。生前葬という企画を通して過去と向き合うことで、俺のなかで、1つ区切りがついたような気がする。

これを実現できたのは、ヒヤマさんをはじめとするチャンネルスタッフのみんな、葬儀屋の皆さん、ホームレス仲間、俺と仲良くしてくれている人たち、そして何より、ずっと応援して見守ってくれる視聴者の皆さんのおかげです。

感謝しても、し足りない。

本当に、心から、ありがとう。

COLUMN 5

ディレクター・ヒヤマの撮影裏話⑤

「ナムさんにとっての幸せとは？」

「大富豪」の解釈は人によって違う

ナムさんのYouTubeチャンネル、『ホームレスが大富豪になるまで。』。

チャンネル名を「ホームレスを脱却するまで」ではなく、あるいは「億万長者」でも「お金持ち」でもなく、あえて「大富豪」にしたのには理由があります。

「大富豪」の定義は人それぞれです。

1億円持っていたら大富豪かもしれないし、100万円でも大富豪だと感じる人もいるでしょう。

「富」の定義はお金だけではないかもしれません。信頼できる家族がいること、仕事が充実していること、日々健康に、心穏やかに暮らせること。それらを「富」だと考えることもできます。

そういう意味で、僕の「大富豪」のイメージは、ナムさんが幸せになること。このチャンネルのゴールは、ナムさんが心から「幸せだな」と感じた瞬間なのだと思っています。

僕の目から見て今のナムさんは、まだ〝中幸せ〟くらいです。

YouTubeの収益で得た古民家に住んで、安定しているように見えますが、ふとしたきっかけで、また元の地下通路に戻ってしまうような危うさがある。そうならないように、スケジュール管理や大工さんとのやりとりを通して、ナムさんのサポートをしっかりしていく必要があります。

そうやって近い未来に古民家が完成して、そこでたくさんの子どもたちが遊んでいる。

縁側では、かつてのホームレス仲間が楽しそうにお酒を飲んでいる。

その光景を後ろから眺めているのがナムさんの幸せなのかなぁと、何となく想像しています。


そんなわけで、ナムさんはもうホームレスではありませんが、「大富豪」への道のりは、まだまだ続きます。


最後になりますが、この本を手に取り、お読みいただいてありがとうございました。

本書を刊行するにあたり、あらためて思い出したナムさんとの日々、知らなかったナムさんの過去を聞くにつけて、「やっぱりとんでもねえ人だな」と思わざるを得ませんでした（笑）。

ギャンブルで身を滅ぼし、借金漬けのホームレスに。

その数カ月後にユーチューバーデビューを果たし、一躍有名に。ヒカキンさんとのコラボも達成。

その収益で、古民家を購入。「ナム村プロジェクト」という夢に邁進（まいしん）中。

今は毎朝6時に起きて、庭の雑草を抜く日々。


この一連の流れを一番近くで見てきた僕の率直な感想としては、「こんなおとぎ話みたいなことって、本当にあるんだな」です。どん底にいても決して諦めず、それに加えて運さえあれば、人間はいつでも這（は）い上がれるということを思い知らされました。キレイごとのようですが、これが僕がナムさんから学んだリアルです。

でも、今すぐ「這い上がれ！」っていうんじゃないんです。むしろ、無理をするくらいなら、這い上がらなくても全然よくて。

今、苦しい思いをしている人や、毎日が何だかつまらないと感じている人が、ほんの少しでも「人生、悪くないな」と思えるように。「ナムさんも朝から庭の手入れをしてるから、ちょっと早起きしてみるか」、程度に前向きになれるように。

この本を読んで、そんな、ほんの少しの気持ちの変化が起きたとしたら、これ以上に嬉しいことはありません。

おわりに
久しぶりの「空」のある生活

古民家の朝は早い。


俺はいつも、明け方の3時には起きて活動を始める。

暗いうちに布団から起きて、まずは冷蔵庫でキンキンに冷えたビールで目を覚ます。そして起き抜けの一服。うまい。

外が薄明るくなってきたら、庭の草刈りを始める。これが大体3時間くらい。

太陽が完全に昇ったらやめる。そんで昼寝する。


午後。酒を飲みながらYouTubeなどを観て過ごす。腹が減ったら、適当に自炊をして飯を食う。近頃はちょっと辛めのスープにハマって、そればっかり食っている。

最近農園を始めたんで、日が陰ってきたら、畑を耕す。ちょうど今日、地元の人からトマトの苗をもらったから、それを植えるのが楽しみ。畑に飽きたらまた草を刈る。疲れたらやめる。

夜は基本的には寝ない。ショートスリーパーって言ったでしょ？　1時間寝て、起きての繰り返し。

気づいたら明け方になってる。また1日が始まる。


最近の俺の生活は、大体こんな感じ。ぶっちゃけ、流れる時間の感覚は、ホームレスだった頃と変わらない。

あの頃も寝て起きて、散歩して、YouTubeを観てのループだった。今はそこに、草刈りと農作業が加わった。でも相変わらず、時間はのんびりと過ぎていく。

決定的に違うのは、「空」があること。

地下通路には空がなかったけど、今は、見上げれば当たり前のように大空が広がっている。この景色を見られることが、今の俺にとって、このうえもない喜びである。

あらためて、この本を手に取って、最後まで読んでくれてありがとう。

紆余曲折という言葉じゃ足りないくらいに山あり谷あり（谷が8割くらい）の人生で、奇跡的にヒヤマさんと出会い、ユーチューバーになり、奇跡的に大空の下で生きていられることに感謝します。

両親と、俺を支えてくれた全ての人に、ありがとうの気持ちを込めて。

2024年6月

ナム

ナムさんの人生年表

年齢	出来事	幸福度	ナムさんからひと言
0歳	この世界に「ナム」が誕生!	−5	さすがに覚えていないからなぁ……
6歳	小学校に入学	−5	入学までは楽しかなかったね。保育園とかも行かなかったし
10歳頃	小学校を満喫	+15	初めて友達ができて、山遊び・川遊びしてたね。このときは楽しかった
13歳	中学校に入学(親の転勤の影響でその後、中学を転々とする)	+15→−5	野球部に入部。13-1で負けて大炎上を機に幸福度も激減したよ
14歳	中学2年生	−50	悪い遊びを覚えたね……詳細は本文を見てよ
15歳	中学3年生	+17	学生運動に目覚めたんだよ。九州大学まで学生運動を学びに行ったよ
16〜18歳	高校生	0	勉強一筋だったから可もなく不可もなく
18〜22歳	大学生	0	大学も勉強一筋だったからなぁ……
22歳頃	企業に入社	+5→0→−10	希望を胸に会社に入ったけど、思ってたイメージと違った……
28歳頃	ギャンブルを覚え、地獄への転落が始まる	−50	初めて賭けたボートでビギナーズラックがあって、そっからハマったんだよ
30代	ギャンブルに明け暮れる日々。地方を転々とする	−50	日雇いでお金を貯めてボートに費やす日々だね。本文でも紹介した暗黒時代だよ

30代半ば	大いなる決断・実家を売る	−80	借金に首が回らなくなってオヤジの家を1500万円で売った。でも1カ月も持たなかったかな
40代	ギャンブルに明け暮れ、地方を転々とする	−50	40代も暗黒時代の続きだよ。ボートだけが生きがいだったね
50歳手前	隅田川周辺で初ホームレス体験をする	−60	お盆の時期は仕事の面接行けなくて働けないから、10日間だけホームレスになったよ
50代	東京を拠点にギャンブルに明け暮れる	−50	このときは同じ建設会社で働いてたから転々とはしてなかったかな
63歳頃	東京にいてもつまらない！横浜に移る	−60	還暦も過ぎて仕事ももうなかったから、生活保護でドヤ街に住んでた頃だね
66歳	関内の地下通路でホームレスを始める	−110	ドヤでケンカして嫌になったんだよ。このときは辛かったね
66歳	ヒヤマさんに声をかけられ、YouTubeを始める	0	未知の世界で成功するかわからなかったからね。幸福度はプラスマイナスゼロ
66歳	チャンネル登録者数10万人を達成	＋20	目標がもう少し高かったからね。それでも嬉しかったな
66歳	ヒカキンさんとコラボ	＋120	これは今でも信じられない。ヒカキンさんは神様だからね、幸福度MAXだよ
○年後	ナム村完成！	？	幸福度70くらいで安定的に暮らしたいね

ブックデザイン　菊池 祐（lilac）
カバー写真　鷲尾和彦
執筆協力　荒井奈央
DTP　思机舎
校正　山崎春江
企画協力　こす.くま（ヒヤマ、カワグチ）
編集　金子拓也

ナム

福岡県出身。20代で初めて賭けたボートレースが当たり、ギャンブルにハマる。以降、30代〜50代は日本各地を転々としながら、「日雇いの仕事で稼ぎ、ボートで賭ける」を繰り返す。66歳になり、横浜・関内の地下通路でホームレスとして生活していた頃、動画ディレクターに声をかけられ、YouTube『ホームレスが大富豪になるまで。』を開始。みるみるうちに登録者数は増え、わずか8カ月で40万人を達成する。現在は山梨県の一軒家を購入し、そこで生活しながら、コミュニティの場となることを目指す「ナム村プロジェクト」を進めている。

ホームレスが大富豪(だいふごう)になるまで。
YouTubeで人生大逆転(じんせいだいぎゃくてん)！どん底(ぞこ)から這(は)い上(あ)がるには

2024年7月19日　初版発行

著者／ナム

発行者／山下 直久

発行／株式会社KADOKAWA
〒102-8177　東京都千代田区富士見2-13-3
電話　0570-002-301（ナビダイヤル）

印刷所／TOPPANクロレ株式会社
製本所／TOPPANクロレ株式会社

●お問い合わせ
https://www.kadokawa.co.jp/（「お問い合わせ」へお進みください）
※内容によっては、お答えできない場合があります。
※サポートは日本国内のみとさせていただきます。
※Japanese text only

定価はカバーに表示してあります。

ISBN 978-4-04-606848-4　C0095